September 1910.

Königliche Technische Hochschule zu Berlin.

MITTEILUNGEN

der

Prüfungsanstalt für Heizungs- und Lüftungseinrichtungen

(Vorsteher: Dr.-Ing. Rietschel, Geh. Reg.-Rat und Professor).

Heft 3.

MÜNCHEN UND BERLIN.

Druck und Verlag von R. Oldenbourg.

1910.

Inhalt.

Untersuchungen über Wärmeabgabe, Druckhöhenverlust und Oberflächentemperatur bei Heizkörpern unter Anwendung großer Luftgeschwindigkeiten.

Die Erkenntnis, daß bei Heizkörpern unter Anwendung von Ventilatoren durch Steigerung der Luftgeschwindigkeit eine wesentliche Zunahme der Wärmeabgabe erzielt werden kann, hat zu Sonderkonstruktionen geführt, die alle darauf hinauslaufen, die Luft in zwangsläufiger Bewegung an den Heizflächen vorüberzuführen. Über die Wirkung dieser Konstruktionen ist trotz ihrer Bedeutung

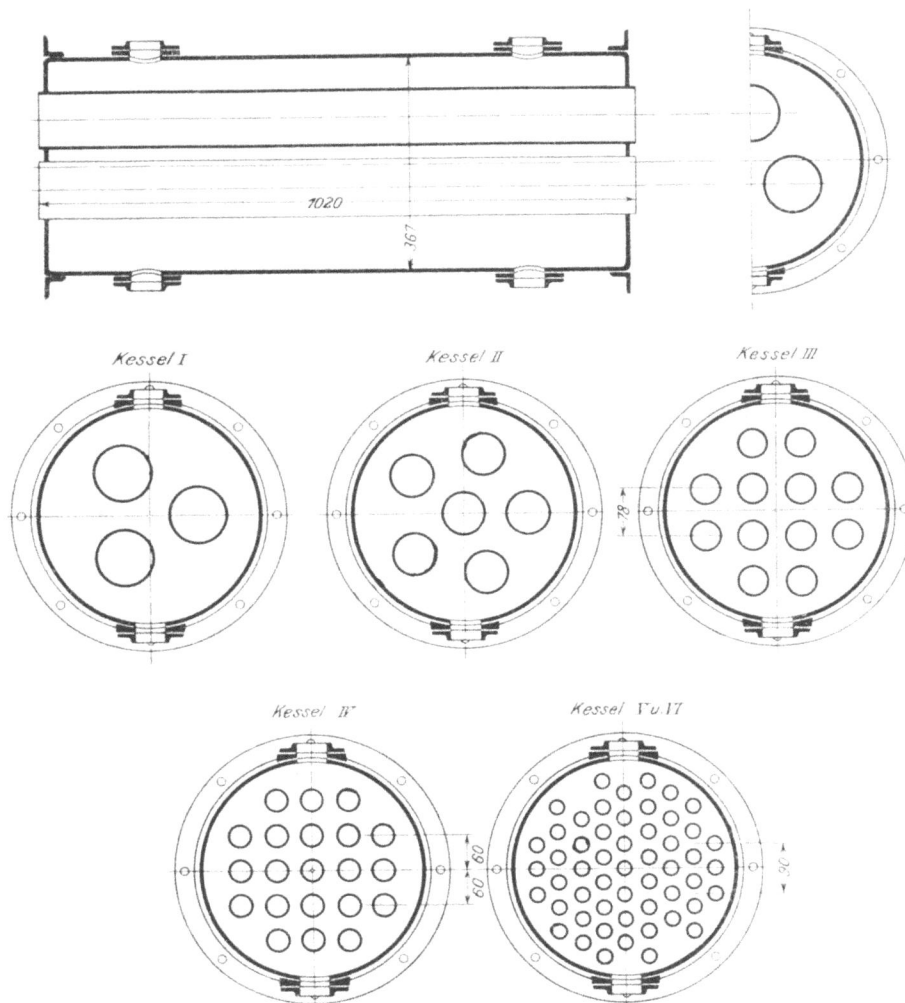

Fig. 1.

für die Praxis bisher nur verhältnismäßig wenig bekannt geworden. Durch die Arbeiten von Reynolds, Stanton u. a.[1]) ist zwar die einschlägige Theorie weiter entwickelt und insbesondere der Zusammenhang zwischen Wärmeübergang und Bewegungszustand der Flüssigkeiten festgelegt worden, es fehlen aber eingehende, der praktischen Verwendung angepaßte Versuche über den Wärmedurchgang und besonders auch über den Druckhöhenverlust. Die Prüfungsanstalt unternahm es daher, diese für die Praxis fühlbare Lücke durch eingehende Versuche mit den zurzeit am meisten benutzten Konstruktionen zu beseitigen.

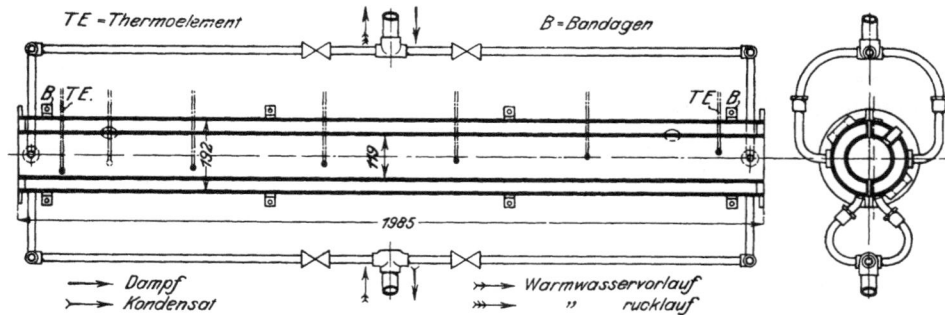

Fig. 2.

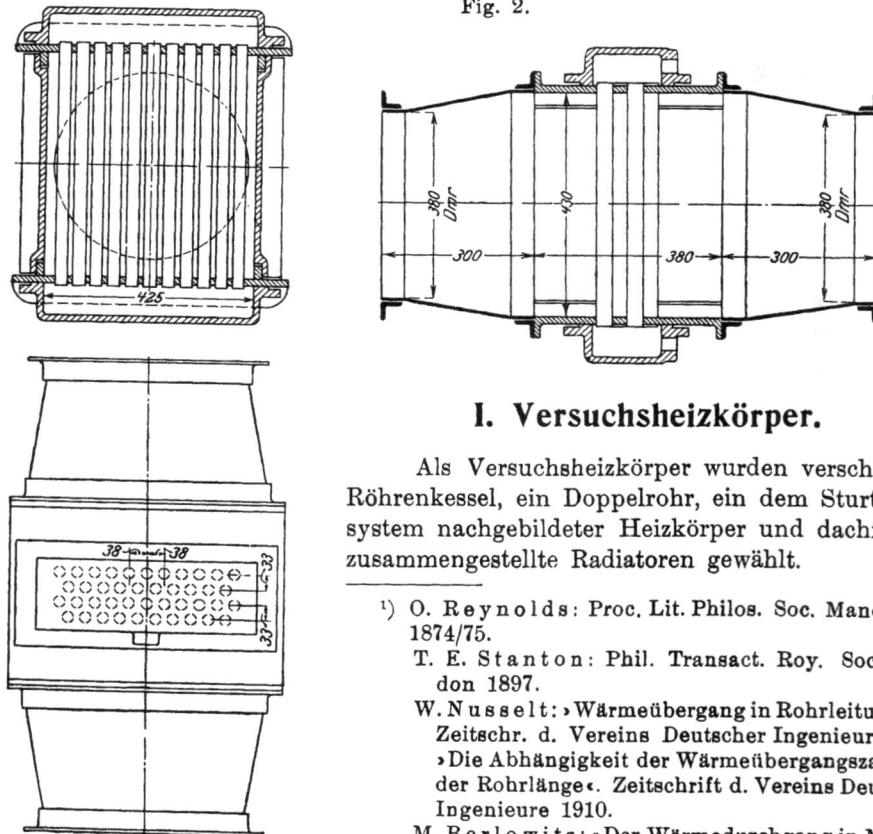

Fig. 3.

I. Versuchsheizkörper.

Als Versuchsheizkörper wurden verschiedene Röhrenkessel, ein Doppelrohr, ein dem Sturtevant-system nachgebildeter Heizkörper und dachförmig zusammengestellte Radiatoren gewählt.

[1]) O. Reynolds: Proc. Lit. Philos. Soc. Manchester 1874/75.

T. E. Stanton: Phil. Transact. Roy. Soc. London 1897.

W. Nusselt: »Wärmeübergang in Rohrleitungen«. Zeitschr. d. Vereins Deutscher Ingenieure 1909. »Die Abhängigkeit der Wärmeübergangszahl von der Rohrlänge«. Zeitschrift d. Vereins Deutscher Ingenieure 1910.

M. Berlowitz: »Der Wärmedurchgang in Maischbottichen«. Gesundheits-Ingenieur 1910.

Die in Fig. 1 dargestellten Röhrenkessel I bis V enthielten schmiedeeiserne, patentgeschweißte Röhren von 94,5 bis herab zu 21,5 mm lichter Weite; ein dem Kessel V genau entsprechender Kessel VI wurde mit Kupferröhren gleicher lichter Weite und gleicher Wandstärke ausgerüstet. Die Außendurchmesser aller Heizkessel waren — mit Rücksicht auf den Einbau in dieselbe Versuchsleitung — gleich groß; die Kessellänge betrug durchgängig 1 m; außerdem waren Kessel II, III und IV zur Untersuchung des Druckhöhenverlustes in mehreren Längen ohne Dampfmantel hergestellt worden. Das Doppelrohr ist in Fig. 2 dargestellt. Die Abmessungen aller Kessel und des Doppelrohres sind in Zahlentafel 1 zusammengefaßt.

In Fig. 3 ist der dem Sturtevantsystem nachgebildete Heizkörper aufgezeichnet, der zunächst mit zwei Rohrreihen ausgerüstet war und nach Durchführung der entsprechenden Versuche die dritte und vierte Rohrreihe erhielt.

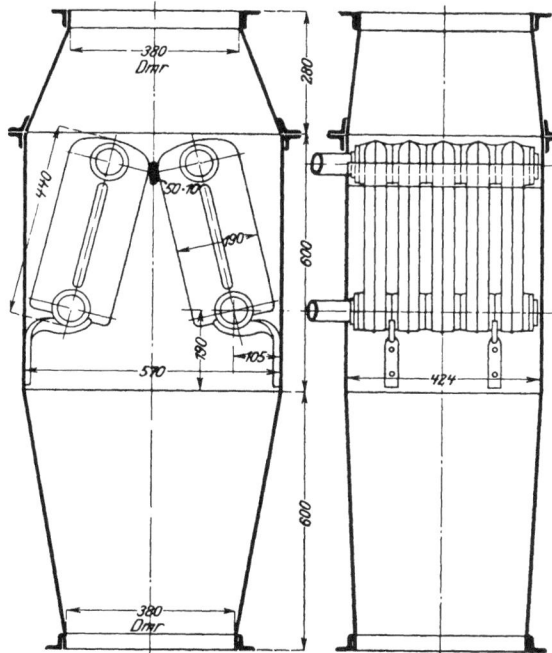

Fig. 4.

Fig. 4 zeigt die Anordnung der zu den Versuchen verwendeten Radiatoren.

Zahlentafel 1.

Heizapparat		Anzahl der Röhren	Material der Röhren	Innerer	Äußerer	Freier Luftquersch. in qm	Heizfläche F in qm	Bemerkungen	
Bezeichnung	Länge in m			Rohrdurchmesser in m					
Kessel I	1,015	3	Schmiedeeisen	0,0945	0,1020	0,02105	0,866	mit Dampfmantel	
» II	1,515	6	»	0,0700	0,0760	0,02310		ohne »	
» II	1,010	6	»	0,0700	0,0760	0,02310	1,294	mit »	
» III	1,515	12	»	0,0460	0,0510	0,01995		ohne »	
» III	1,015	12	»	0,0460	0,0510	0,01995	1,700	mit »	
» IV	1,265	21	»	0,0335	0,0380	0,01850		ohne »	
» IV	1,015	21	»	0,0335	0,0380	0,01850	2,160	mit »	
» IV	0,685	21	»	0,0335	0,0380	0,01850	2,160	» »	
» V	1,000	53	»	0,0215	0,0265	0,01923	3,490	» »	
» VI	1,000	53	Kupfer	0,0215	0,0265	0,01923	3,490	» »	
Doppelrohr	1,985	1	Schmiedeeisen	0,1190	0,1270	0,01112	0,742	» »	

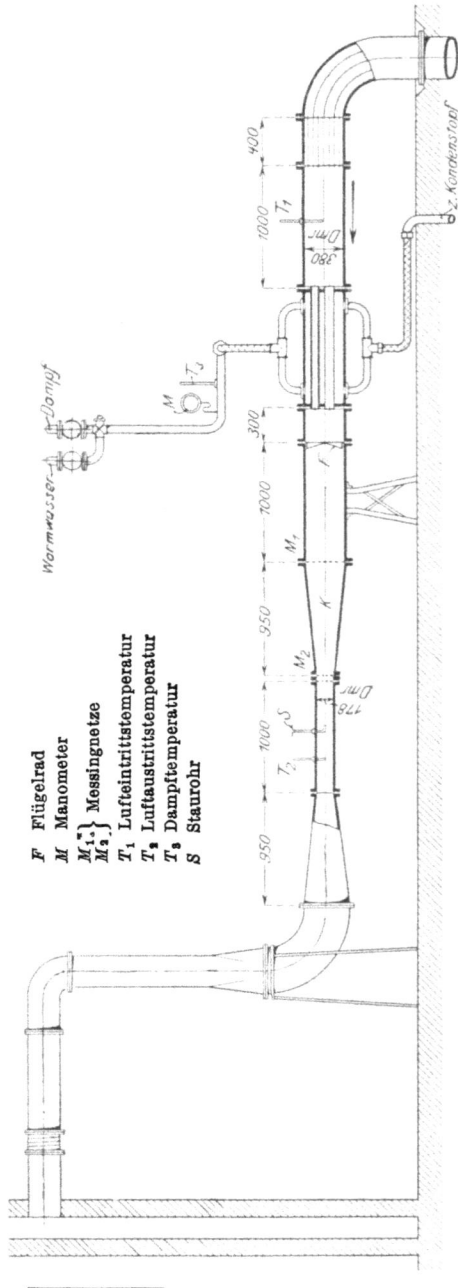

Fig. 5.

F Flügelrad
M Manometer
M_1; M_2 } Messingnetze
T_1 Lufteintrittstemperatur
T_2 Luftaustrittstemperatur
T_3 Dampftemperatur
S Staurohr

II. Versuche über den Wärmedurchgang.

1. Versuchsanordnung.

Zur Bestimmung des Wärmedurch-ganges fand die in Fig. 5 dargestellte Versuchsanordnung Verwendung. Die von dem kleinen Ventilator im Maschinenraum[1]) in der Pfeilrichtung nach oben geförderte Luft wurde im Knie der Rohrleitung durch Leitbleche und hinter diesen noch durch ein Messingrohrbündel zu möglichst gleichförmiger Strömung gezwungen. Die Temperatur vor dem Heizapparat wurde durch ein in geeigneter Weise vor Strahlung geschütztes Thermometer T_1 gemessen. Um das Thermometer genügend empfindlich zu machen, war die Strahlungshülse nach der Seite des Luftstromes in der Höhe der Quecksilberkugel aufgeschnitten. Hinter dem Heizapparat befand sich das in Fig. 6 dargestellte Flügelrad F, um zum Zweck der Temperaturmessung die im Heizapparat verschieden hoch erwärmte Luft in möglichst vollkommener Weise zu mischen. Hinter F trat die Luft — zwecks Gleichrichtung durch die Messingnetze M_1, den Konus K und die Doppelmessingnetze M_2 geführt — in das Rohr von 178 mm lichter Weite, in dem ihre Menge mittels Staurohrs[2]) bestimmt wurde. Durch eine anschlie-ßende, zur bequemen Montage mit einer Lederbalgverbindung ausgerüstete Blechrohrleitung entwich die Luft ins Freie. Bei Einbau des Doppelrohres wurden die konischen Anschlüsse entsprechend abgeändert und bei der Untersuchung der Radiatoren die beschriebenen Versuchseinrichtungen nach Fig. 7 benutzt.

[1]) s. Heft 1 der »Mitteilungen«, Tafel 6, Text S. 26.
[2]) s. Heft 1 der »Mitteilungen«, S. 48.

Die Heizapparate konnten entweder mit Dampf von 1,01 bis 5,0 atm. abs. oder mit Wasser von 10 bis 95 Grad Celsius untersucht werden. Bei der Montage der Wasseranschlüsse wurde einer richtigen und guten Entlüftung besondere Aufmerksamkeit geschenkt. Bei den Versuchen mit Dampf konnte das Kondensat entweder in die an der Decke des Maschinenraumes hängende Wage[1]) oder unmittelbar nach den Kondenstöpfen geleitet werden, während das verwandte Heizwasser behufs Wägung der im Maschinenraum stehenden Dezimalwage zugeführt wurde.

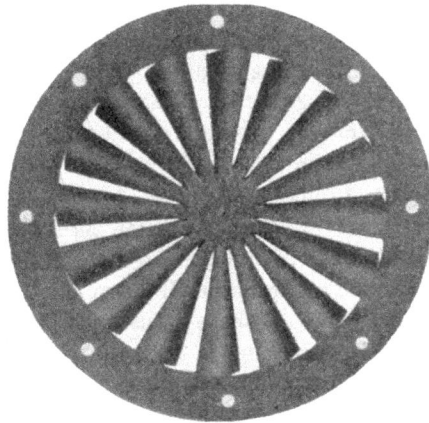

Fig. 6.

2. Meßmethode.

Die Bestimmung der von der Luft aufgenommenen Wärmemenge war theoretisch mit den vorhandenen Versuchseinrichtung auf doppelte Weise möglich:

1. unmittelbar, durch Feststellung der Luftmenge und ihrer Temperaturzunahme,
2. mittelbar, durch Wägung des Kondensats bzw. der Wassermenge unter Berücksichtigung der von der Versuchseinrichtung nach außen abgegebenen Wärmemenge.

Die nach außen abgegebene Wärmemenge mußte durch Vorversuche festgestellt werden, bei denen durch absolut dichtes Verschließen der Rohrleitung jede Luftbewegung in ihr verhindert war. Dadurch änderten sich aber gegenüber den Hauptversuchen mit strömender Luft

[1]) s. Heft 1 der »Mitteilungen«, Tafel 5, Text S. 24.

Fig. 7.

die Dampf- bzw. Wassergeschwindigkeiten und die Temperaturverhältnisse der an den Kessel sich anschließenden Rohrleitungen. Die Wärmeabgabe der Versuchseinrichtungen nach außen, die einen hohen Prozentsatz der insgesamt vom Dampf abgegebenen Wärmemenge ausmachte, konnte daher nicht in den für die Versuche nötigen Genauigkeitsgrenzen durchgeführt werden, so daß die mittelbare Messung der von der Luft aufgenommenen Wärmemenge fallen gelassen werden mußte.

Bei der unmittelbaren Messung fand die Feststellung der Luftmenge in der üblichen Weise mittels Staurohres S und die Bestimmung der Temperaturen mittels in halbe Grade geteilter Quecksilberthermometer statt. Die Thermometer hatten behufs genauer Einstellung auf jede beliebige Stelle des Rohrquerschnittes kleine kugelförmige Quecksilberkörper. Vorversuche, die mit diesen Thermometern zur Feststellung des Einflusses von Luftreibung und Stoß bis zu einer Geschwindigkeit von 150 m/sek vorgenommen wurden, zeigten, daß bei den zu den Hauptversuchen verwendeten Geschwindigkeiten von höchstens 25 m/sek dieser Einfluß zu vernachlässigen war. Die nach Einbau des früher erwähnten Flügelrades (Fig. 6) über zwei zueinander senkrechte Durchmesser aufgenommenen Temperaturkurven hatten, wie Fig. 8 beweist, genügend gleichmäßigen Verlauf. Aus diesen Aufnahmen bestimmte sich die Durchschnittstemperatur im Querschnitt ebenso wie die mittlere Geschwindigkeit aus der Geschwindigkeitsverteilung[1]).

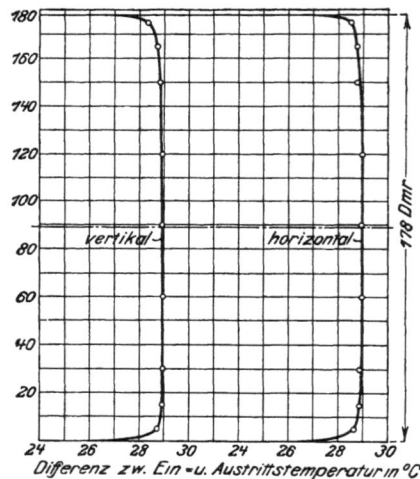

Fig. 8.

Thermometer T_1 (Fig. 5) war, wie bereits erwähnt, vor Wärmestrahlung geschützt, Thermometer T_2 konnte einen solchen Schutz entbehren, da gegen den Kessel zu, wie Beobachtungen ergeben hatten, das Flügelrad vor Strahlung schützte und die Rohrwandtemperaturen nahezu gleich den gemessenen Lufttemperaturen waren. Die zwischen den Thermometern T_1 und T_2 auftretenden Wärmeverluste der Versuchseinrichtungen nach außen wurden durch 50 mm starke Seidenisolation auf ein Mindestmaß herabgedrückt und der durch Vorversuche festgestellte Restbetrag rechnerisch berücksichtigt.

Der Dampf wurde der in Heft 1 (S. 24) beschriebenen Versuchsanlage entnommen und seine Temperatur als Sättigungstemperatur zu der durch das geeichte Doppelmanometer M gemessenen Spannung bestimmt, wobei Thermometer T_3 zum Nachweis diente, daß keine Überhitzung vorhanden war. Die vom Manometer M angezeigte Spannung konnte unter Vernachlässigung des sehr geringen Spannungsabfalles in allen Versuchskörpern gleich der mittleren Dampfspannung gesetzt werden.

Das Heizwasser wurde dem in Heft 1 (S. 28) beschriebenen Warmwasserbereitungsgefäß mit beliebiger, aber konstanter Temperatur und unter stets gleichem Druckgefälle entnommen und seine Temperatur durch geeichte, unmittelbar

---

[1]) s. Heft 1 der »Mitteilungen» S. 35.

vor und hinter dem Versuchsapparat angebrachte Thermometer gemessen. Zur Erzielung einer richtigen Temperaturangabe reichten die in zylindrischer Form ausgebildeten Quecksilberkörper über den ganzen Rohrdurchmesser.

3. Ausführung der Versuche.

Wie bekannt[1]), gelten für den Wärmeaustausch strömender Flüssigkeiten durch ebene Flächen und auch durch Röhren, sofern die Wandstärke im Verhältnis zum Rohrdurchmesser gering ist, die Gleichungen:

$$Q = \frac{F \cdot k \cdot (\vartheta_a - \vartheta_b)}{\ln \vartheta_a - \ln \vartheta_b} \quad \ldots \ldots \ldots \ldots \quad 1)$$

$$\frac{1}{k} = \frac{1}{\alpha_1} + \frac{s}{\lambda} + \frac{1}{\alpha_2} \quad \ldots \ldots \ldots \ldots \quad 2)$$

Hierin bedeuten nach Maßgabe der Fig. 9:

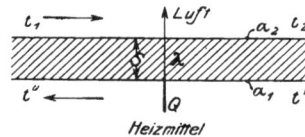

Fig. 9.

Q die stündlich übertragene Wärmemenge in WE,

F die Heizfläche in qm,

ϑ_a die Anfangstemperaturdifferenz, also $t'' - t_1$, in Graden Celsius,

ϑ_b die Endtemperaturdifferenz, also $t' - t_2$ in Graden Celsius,

k die Wärmedurchgangszahl (Transmissionskoeffizient) in WE, bezogen auf 1 qm, 1° C, 1 std.,

α_1 die Wärmeübergangszahl vom Heizmittel an die Metallwand in WE, bezogen auf 1 qm, 1° C, 1 std.,

α_2 die Wärmeübergangszahl von der Metallwand an die Luft in WE, bezogen auf 1 qm, 1° C, 1 std.,

s die Wandstärke in m,

λ die Wärmeleitzahl des Materials in WE, bezogen auf 1 qm, 1° C, 1 std. und 1 m Wandstärke.

Da nach früheren Untersuchungen[2]) $\frac{1}{\alpha_1}$ höchstens gleich $\frac{1}{10000}$ zu setzen ist, ferner für alle untersuchten Heizapparate der Bruch $\frac{s}{\lambda}$ kleiner als $\frac{0,006}{60}$ $= \frac{1}{10000}$[3]) bleibt und $\frac{1}{\alpha_2}$ für alle Versuche größer als $\frac{1}{126}$ wird, so sind in Gl. 2) die ersten beiden Summanden zu vernachlässigen, und es ist für die Dampfversuche mit hinreichender Genauigkeit

$$k = \alpha_2$$

zu setzen. Daraus folgt, daß die unbekannte Wärmeübergangszahl α_2 von Metall an Luft aus den Versuchen mit Dampf unmittelbar bestimmt werden konnte.

Bei den Versuchen mit Warmwasser mußten dagegen zur Ermittlung der Wärmeübergangszahlen α_1 von Wasser an Metall die vorher gefundenen Werte von α_2 benutzt werden.

---

[1]) Rietschel, »Leitfaden«, 4. Aufl. S. 163 u. 135. Gl. 99 und Gl. 83.

[2]) s. Mollier, Zeitschrift d. Vereins Deutscher Ingenieure 1897.

[3]) Für Kupfer wird $\lambda = 330$, also $\frac{s}{\lambda}$ noch kleiner, woraus folgt, daß für den Wärmeübergang von Dampf oder Warmwasser an Luft der Einfluß der erwähnten Materialien verschwindend sein muß. Die für den Kessel V und VI, die sich nur durch das Rohrmaterial unterschieden, durchgeführten Versuche decken sich in der Tat vollständig.

Diese Werte von α_2 waren für die Röhrenkessel bzw. das Doppelrohr in ihrer Abhängigkeit von:

1. der Luftgeschwindigkeit bzw. dem stündlich pro Rohr geförderten Luftgewicht,
2. dem Rohrdurchmesser,
3. der mittleren Lufttemperatur,
4. der mittleren Dampftemperatur,
5. der Bodenfläche

festzustellen. Für den Sturtevantheizkörper und die Radiatoren waren die gleichen Abhängigkeiten zu berücksichtigen, nur trat bei ersterem an Stelle des veränderlichen Rohrdurchmessers eine veränderliche Rohrzahl.

Um den Einfluß der Luftgeschwindigkeit und des Rohrdurchmessers untersuchen zu können, mußte die Wärmewirkung der Kesselböden von der der Rohre nach Möglichkeit getrennt werden. Die Kesselböden erhielten daher eine Isolation aus 10 mm starken Filzplatten und darübergelegten 20 mm starken Holzplatten. Bei der Bestimmung der Wärmeabgabe der Rohre wurde die isolierte Bodenheizfläche vernachlässigt, wodurch das Endergebnis, entsprechend einer angenommenen Wärmeersparnis von 80% im Mittel, um nicht mehr als 2% beeinflußt werden konnte. Nach Isolierung der Böden wurden für jeden Kessel bei gleichbleibender Dampfspannung und möglichst gleicher mittleren Lufttemperatur Versuchsreihen bei verschiedenen Luftgeschwindigkeiten und zwar von 5 bis 26 m/sek durchgeführt.

Den Versuchen über den Einfluß der Luftgeschwindigkeit und des Rohrdurchmessers folgten Untersuchungen über die Abhängigkeit der Wärmedurchgangszahl von der mittleren Lufttemperatur. Bei diesen mußte die Dampftemperatur konstant gehalten u. die Luft mittels des in Heft 1[1] beschriebenen Luftheizapparates verschieden hoch vorgewärmt werden. Mit den vorhandenen Einrichtungen gelang es, die vorerwähnte Abhängigkeit in den Grenzen von + 20 bis + 65° zu untersuchen. Andererseits wurde bei sonst gleichen Verhältnissen die Dampftemperatur von

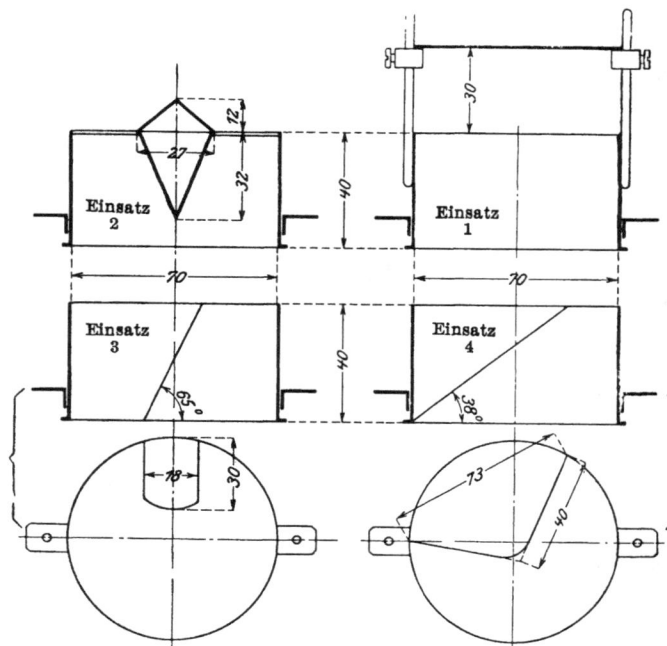

Fig. 10.

_____
[1] s. Heft 1 der ›Mitteilungen‹, Tafel 5, Text S. 26.

100 bis 150° verändert und hierdurch ihr Einfluß in den für die Heizungs-technik in Betracht kommenden Grenzen festgestellt.

Für die Bestimmung der Wir-kung der Bodenfläche fanden für jeden Kessel mehrere Ver-suche bei unisolierten Böden und verschiedenen Luftgeschwindig-keiten statt, aus deren Ergeb-nissen durch Vergleich mit den früheren der Einfluß der Boden-fläche errechnet werden konnte.

Wie bekannt, läßt sich der Wärmedurchgang durch Vermeh-rung der Wirbel, allerdings auf Kosten des Druckhöhenverlustes, bedeutend steigern. Um über diese Steigerung Klarheit zu ge-winnen, wurden für die in der Praxis am meisten verwendete Rohrdimension, d. i. Kessel II, verschiedene Wirbelvorrichtungen untersucht, von denen die gün-stigsten in Fig. 10 u. 11 dargestellt

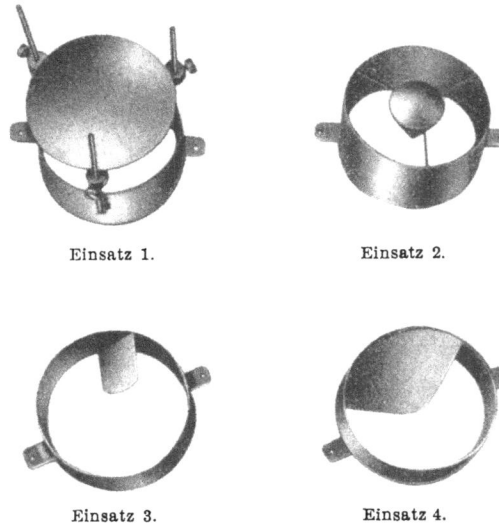

Einsatz 1.   Einsatz 2.

Einsatz 3.   Einsatz 4.

Fig. 11.

und als Einsätze 1, 2, 3 und 4 bezeichnet sind. Sie konnten auf der früher erwähnten Holzisolationsplatte so befestigt werden, daß der zylindrische Teil sich glatt an die Rohre anschloß.

Für den Sturtevantheizkörper und die Radiatoren konnte die Feststellung des Einflusses der Luft- und Dampftemperaturen unterbleiben; im übrigen fand die Untersuchung über den Einfluß der Luftgeschwindigkeiten bzw. der Röhren-anzahl entsprechend den oben erwähnten Kesselversuchen statt.

Die Versuche mit Warmwasser als Heizmittel wurden — weil bei den Röhrenkesseln eine rein achsiale Wasserbewegung nicht zu erzielen war — auf die Radiatoren und das Doppelrohr beschränkt und bei letzterem auch der Einfluß der Wassergeschwindigkeit untersucht.

4. Auswertung der Versuche.

Die Wärmedurchgangszahl wurde nach der früher angegebenen Gl. 1) be-stimmt, in der für die stündliche Wärmemenge Q einzusetzen war:

$$Q = 3600 \, v_m \frac{d^2 \pi}{4} \gamma \, c \, (t_2 - t_1) \quad \ldots \ldots \ldots \quad 3)$$

Hierin bedeuten:

v_m die mittlere Geschwindigkeit im Meßquerschnitt in m/sek,

d den lichten Rohrdurchmesser des Meßquerschnittes in m,

γ das spezifische Gewicht der Luft im Meßquerschnitt in kg/cbm,

c die spezifische Wärme der Luft = 0,2375 WE/kg,

t_1 die mittlere Eintrittstemperatur der Luft in Graden Celsius,

t_2 die mittlere Austrittstemperatur der Luft in Graden Celsius.

Unter Berücksichtigung der Gl. 3) ergibt sich:

$$k = \frac{3600 \, v_m \frac{d^2 \pi}{4} \gamma' c \, (t_2 - t_1)(\ln \vartheta_a - \ln \vartheta_b)}{F(\vartheta_a - \vartheta_b)} \quad \ldots \ldots 4)$$

Für alle jene Versuche, bei denen $\frac{\vartheta_a}{\vartheta_b} > 0{,}75$ war, konnte mit einer Genauigkeit von mindestens $1\,^0/_0$ gesetzt werden:

$$\frac{\ln \vartheta_a - \ln \vartheta_b}{\vartheta_a - \vartheta_b} = \frac{\vartheta_a + \vartheta_b}{2} = \frac{t' + t''}{2} - \frac{t_1 + t_2}{2}.$$

A) Versuche über den Wärmedurchgang bei Dampf.

a) Röhrenkessel.

Für alle Dampfversuche wurde $t' = t''$, somit $\frac{t' + t''}{2}$ gleich der Dampftemperatur t gesetzt. Wie früher nachgewiesen, ergaben die hier gewonnenen Werte der Wärmedurchgangszahl gleichzeitig auch die Wärmeübergangszahl α_2 von Metall an Luft.

α) Einfluß der Luftgeschwindigkeit und des Rohrdurchmessers.

Nach den früher (S. 2) angezogenen Versuchen läßt sich die Wärmeübergangszahl α_2 von einer Rohrwand an eine strömende Flüssigkeit in der Form darstellen:

$$\alpha_2 = z \frac{G^n}{d^m} \quad \ldots \ldots \ldots \ldots 5)$$

worin G das stündlich pro Rohr geförderte Flüssigkeitsgewicht und z eine nur von der Art des Mediums und den Temperaturen abhängige Größe bedeuten.

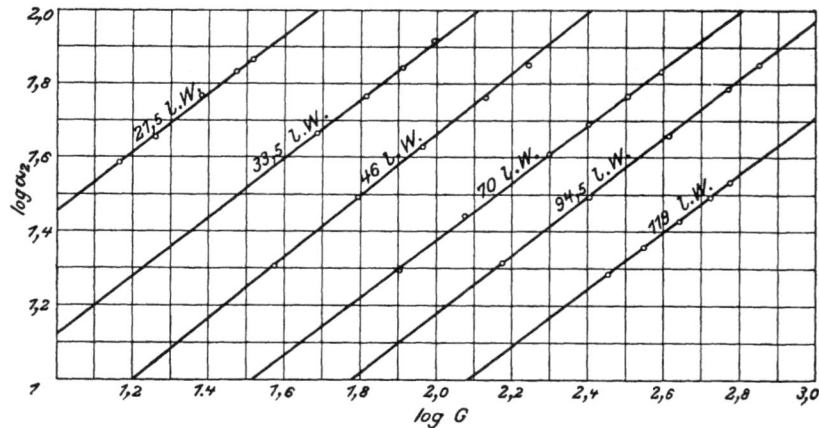

Fig. 12.

Um den Exponenten n obiger Gleichung auf einfache Weise zu erhalten, wurde in Fig. 12 für alle Rohrdurchmesser $\log \alpha_2$ als Ordinaten und $\log G$ als Abszissen aufgetragen. Die Figur zeigt, daß Gleichung 5 bezüglich der Abhängigkeit von G ausgezeichnet erfüllt wird, denn für jeden Kessel liegen mit ganz geringen Abweichungen sämtliche Versuchspunkte auf Geraden, deren Gleichung in der Form $y = a + nx$ gegeben werden kann. Die Werte des Ordinatenabschnittes a und des Richtungsfaktors n, welch letzterer den gesuchten Exponenten darstellt, sind in Zahlentafel 2 zusammengefaßt.

Zahlentafel 2.

Bezeichnung des Apparates	Innerer Rohr-durchmesser in m	a	n
Dopelrohr . .	0,1190	— 0,578	0,76
Kessel I . .	0,0945	— 0,407	0,79
» II . .	0,0700	— 0,197	0,783
» III . .	0,0460	+ 0,150	0,82
» IV . .	0,0335	+ 0,3465	0,783
» V . .	0,0215	+ 0,6385	0,808
» VI . .	0,0215	+ 0,6385	0,808

Mittelwert 0,791

Greift man in Fig. 12 die für das gleiche Luftgewicht bei den einzelnen Rohrdurchmessern gefundenen Werte heraus und trägt diese in ähnlicher Weise logarithmisch als Funktion des Durchmessers auf, so zeigt Fig. 13 mit großer Genauigkeit die Bestätigung obiger Gleichung hinsichtlich des Durchmessereinflusses. Die Tangente des Richtungswinkels dieser Geraden ergibt den absoluten Wert des Exponenten $m = 1,74$. Unter Berücksichtigung des aus Zahlentafel 2 hervorgehenden Mittelwertes des Exponenten n ergibt Gleichung 5:

$$\alpha_2 = k = 0,0059 \frac{G^{0,79}}{d^{1,74}} \quad . \quad 6)[1]$$

β) Einfluß der Dampf- und mittleren Lufttemperatur.

Nach den auf S. 2 angeführten Forschungsarbeiten war eine gesetzmäßige Abhängigkeit der Wärmedurchgangszahl von der Dampf- und mittleren Lufttemperatur, sonach eine gesetzmäßige Änderung des Faktors z in Gleichung 5 zu

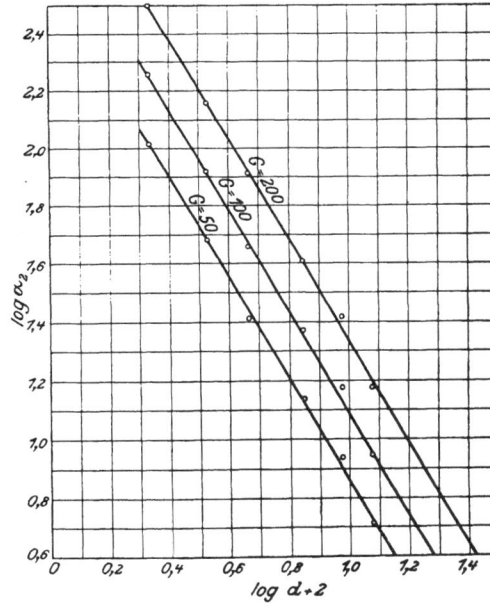

Fig. 13.

erwarten. Die mit zwei verschiedenen Längen des Kessels IV innerhalb der für die Heizungstechnik in Frage kommenden Grenzen der Dampf- und mittleren Lufttemperatur durchgeführten Versuche ergaben für z die in Zahlentafel 3

---

[1]) Gleichung 6 zeigt, daß bei diesen praktischen Versuchen der aus den früher angezogenen theoretischen Abhandlungen sich ergebende Zusammenhang $m = n + 1$ annähernd erfüllt wird.

zusammengestellten Werte. Die Zahlentafel zeigt, daß für Dampfspannungen von 1,0 bis 5,6 atm abs. und die mittleren Lufttemperaturen von $+ 20$ bis $+ 60^{0}$ C für jede Kessellänge eine gesetzmäßige Änderung des Faktors z nicht nachweisbar ist, sondern daß für die Zwecke der Heizungs- und Lüftungstechnik die Wärme-übergangszahl $\alpha_2 = k$ entsprechend der Gleichung 6 unabhängig von den Temperaturen angenommen werden kann.

Zahlentafel 3.

Nr. des Ver- suchs	Dampf- tempera- tur t in ^{0}C	Mittlere Lufttem- peratur $\frac{t' + t''}{2}$ in ^{0}C	Luftge- wicht G in kg/std	Wärme- durch gangs- zahl k in WE/qm/ std. ^{0}C	$z = k \cdot \dfrac{d^{1,74}}{G^{0,79}}$	Bemerkungen
1	140,4	45,9	39,74	38,9	0,00591	Heiz- fläche = 2,16 qm Wirksame Länge der Heiz- rohre = 0,978 m
2	140,4	35,5	39,05	38,0	0,00567	
3	126,9	63,5	35,62	35,1	0,00581	
4	126,9	48,3	38,42	38,2	0,00581	
5	101,1	27,1	60,5	58,1	0,00613	
6	117,1	25,8	63,0	60,4	0,00627	
7	128,5	27,2	62,6	59,2	0,00608	
8	137,2	28,0	63,1	59,4	0,00610	Heiz- fläche = 1,434 qm Wirksame Länge der Heiz- rohre = 0,649 m
9	145,0	26,6	61,7	58,4	0,00610	
10	151,8	27,2	61,6	58,2	0,00608	
11	128,4	62,5	53,6	52,1	0,00610	
12	128,2	54,7	56,4	56,0	0,00629	
13	128,3	31,5	60,7	59,0	0,00624	
14	124,6	20,9	61,4	59,0	0,00607	

Die Zahlentafel 3 zeigt ferner, daß die für z bei den beiden Kesseln gefundenen Werte untereinander verschieden und zwar für den kürzeren Kessel größer sind. Der Grund hierfür scheint in dem von Nusselt[1]) angegebenen Einfluß der Rohr-länge zu liegen. Da jedoch, wie die Zahlentafel zeigt, bei einem Unterschied der wirksamen Heizrohrlängen von 0,649 m und 0,978 m die Abweichung nur $3^{0}/_{0}$ beträgt, ferner der in Gleichung 6 eingesetzte Wert von z das Mittel aus den mit 1 m langen Kesseln gefundenen Ergebnissen darstellt und nach der theoreti-schen Entwicklung obiger Einfluß mit zunehmender Rohrlänge wesentlich abnimmt, so kann Gleichung 6 für alle in der Praxis auftretenden Kessellängen mit hinreichender Genauigkeit benutzt werden.

Legt man, wie es in der Heizungs- und Lüftungstechnik üblich ist, der Berechnung der Heizapparate die in den Röhren auftretende sekundliche Luft-geschwindigkeit v zugrunde, so ergibt sich für die Wärmedurchgangszahl die Formel:

$$k = \alpha_2 = 3,145 \, \frac{(\gamma v)^{0,79}}{d^{0,16}} \quad \ldots \ldots \ldots \quad 7)$$

Entsprechend der Gleichung 7 wurde im Anhang die Zahlentafel A entwickelt, die für die lichten Rohrdurchmesser von 0,0215 bis 0,119 m, für Luftgeschwindig-keiten von 1,0—30 m/sek, für eine mittlere Lufttemperatur von 0^{0} C und nor-malen Barometerstand die Wärmedurchgangszahl unmittelbar ablesen läßt. Eine

---

[1]) Nusselt: ›Die Abhängigkeit der Wärmeübergangszahl von der Rohrlänge‹. Zeitschr. d. Vereins Deutscher Ingenieure 1910, Nr. 28.

Hilfstabelle gibt die Umrechnungsfaktoren an, mit denen die Werte der Zahlentafel A für mittlere Lufttemperaturen von 10 bis 50⁰ zu multiplizieren sind.

Bemerkt sei, daß Gleichung 7 nur für Geschwindigkeiten oberhalb der kritischen Geschwindigkeit gilt. Diese liegt bei den untersuchten Rohren von 0,0215 bis 0,119 m zwischen 1,53 und 0,28 m/sek[1]) und bedeutet jene Geschwindigkeit, oberhalb welcher eine geradlinige Luftströmung in Wirbel übergeht. Obgleich der Wärmeübergang und ebenso der Druckhöhenverlust unterhalb der kritischen Geschwindigkeit einem anderen Gesetze folgt, sind in Zahlentafel A einige Werte auch unterhalb der kritischen Geschwindigkeit nach Formel 6 berechnet worden. Es geschah dies, weil für die äußerst seltenen Fälle, in denen in der Praxis diese geringen Geschwindigkeiten auftreten, die Zahlentafel zu kleine, also sichere Werte angibt.

γ) Bewertung der Bodenfläche.

Die Werte der Wärmeübergangszahlen α_{2B} für die Böden wurden aus Differenzversuchen bestimmt, die für verschiedene Kessel bei drei Geschwindigkeitsstufen zunächst mit isolierten und dann mit unisolierten Böden durchgeführt worden waren. Sie sind in Zahlentafel 4 in Prozenten jener Wärmeübergangszahlen für die Röhren ausgedrückt, die für die entsprechenden Kessel

Zahlentafel 4.

Nr. des Versuchs	Nr. des Kessels	Luftgewicht G in kg/std	Rohrheizfläche F_R in qm	Bodenheizfläche F_B in qm	Wärmedurchgangszahl der Böden α_{2B}	Wärmedurchgangszahl der Rohre α_2	α_{2B} in % von α_2
1	I	287	\}0,866	0,178	31,2	35	\}87
2	I	513			49,8	54,4	
3	I	750			58,0	73,3	
4	II	95,3	\}1,294	0,172	47,9	22,7	\}205
5	II	213,5			88,0	42,5	
6	II	317,5			116,2	57,8	
7	III	55,4	\}1,700	0,178	66,4	27,9	\}211
8	III	98			93,5	44,7	
9	III	153,6			118,1	64,4	
10	IV	28	\}2,160	0,180	56,9	30,1	\}201
11	IV	59,6			111,2	54,6	
12	IV	95,7			166,4	79,6	
13	V	14,7	\}3,490	0,168	48,5	38,1	\}126
14	V	24			89,0	56,7	
15	V	31,4			67,0	70,6	

bei gleicher Luftgeschwindigkeit erhalten wurden. Die Zahlentafel zeigt, daß der erwähnte Prozentsatz zwischen 87 und 211 schwankt, daß sonach die Wertigkeit der Bodenheizfläche im Verhältnis zum Wärmedurchgang durch die Röhren sehr verschieden sein, zum Teil letztere sogar um das Doppelte übertreffen kann. Diese auffallende Tatsache wird erklärlich, wenn man bedenkt, daß bei der Bodenheizfläche im Gegensatz zur Rohrheizfläche keine wärmegegenstrahlenden Flächen vorhanden sind und sich an den Böden, je nach der Rohrverteilung, Wirbel bilden können, die die Wärmeabgabe erhöhen.

Mit Rücksicht darauf, daß die Bodenheizfläche in den allermeisten Fällen der Praxis nur einen verhältnismäßig kleinen Teil der Gesamtheizfläche aus-

---

[1]) Reynolds: Phil. Transact. Roy. Soc. London 1883.

macht, empfiehlt es sich, die Bodenheizfläche unberücksichtigt zu lassen oder sie allenfalls mit der Wärmedurchgangszahl der Röhren in Rechnung zu stellen.

b) Röhrenkessel mit Wirbeleinsätzen, Heizkörper nach dem Sturtevantsystem und dachförmig zusammengestellte Radiatoren.

Für die angeführten Heizapparate läßt sich die Abhängigkeit der Wärmedurchgangszahl vom Luftgewicht mit einer im Versuchsbereich genügenden Genauigkeit ebenfalls in der Form

$$k = z\,G^n \quad\ldots\ldots\ldots\ldots\quad 8)$$

darstellen. Für alle »Wirbeleinsätze« ergaben sich annähernd dieselben Exponenten wie für die Röhrenkessel; für den Sturtevantheizkörper, der bei 2, 3 und 4 Rohrreihen zur Untersuchung gelangte, wurde durchgehends $n = 0,59$ und für den Radiator $n = 0,61$ festgestellt. Für jede einzelne Anordnung, also für jeden »Einsatz« bzw. für jede Rohrreihenzahl, ändert sich z so wesentlich, daß der jeweilige Wert nur durch experimentelle Untersuchungen erhalten werden kann.

Fig. 14 zeigt die Versuchswerte für den Wärmedurchgang, der bei den vier verschiedenen »Einsätzen« in Röhrenkessel II auftrat. Die Versuchsergebnisse selbst sind im Anhang (Zahlentafel B) als Funktion der Luftgeschwindigkeit zusammengefaßt und zum Vergleich die mit Kessel II ohne »Einsatz« erhaltenen Ergebnisse gegenübergestellt. Eine Beurteilung der Wirtschaftlichkeit der »Einsätze« ist natürlich nur im Zusammenhang mit dem durch sie verursachten Druckhöhenverlust möglich.

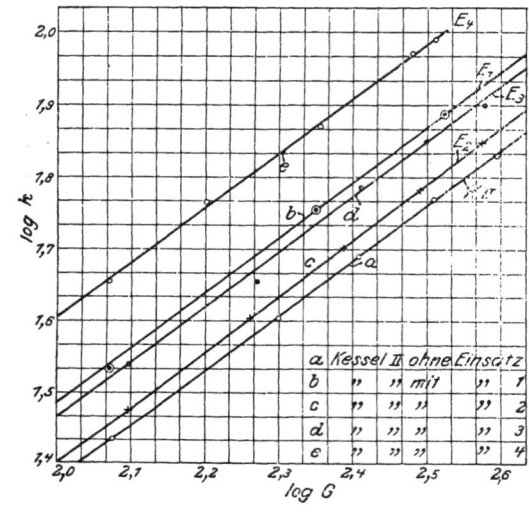

Fig. 14.

Fig. 15 gibt die Versuchswerte für die Ausführung des Sturtevantheizkörpers mit 2, 3 und 4 Rohrreihen. Die Gleichung der durch die Versuchspunkte gelegten Geraden lauten:

$$k = 15,8\,(\gamma\,v)^{0,59} \quad . \quad . \quad 8\,\text{a})$$
$$k = 16,9\,(\gamma\,v)^{0,59} \quad . \quad . \quad 8\,\text{b})$$
$$k = 18,1\,(\gamma\,v)^{0,59} \quad . \quad . \quad 8\,\text{c})$$

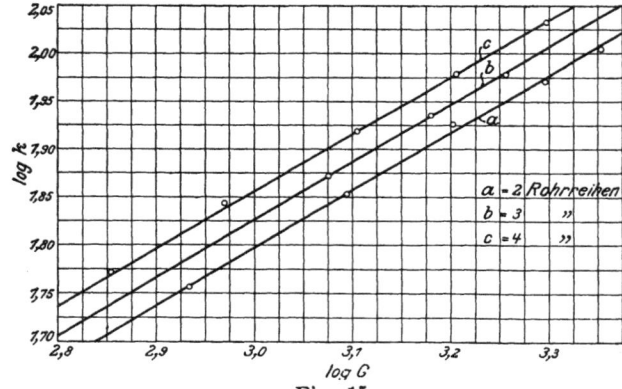

Fig. 15.

Aus ihnen sind in der im Anhange aufgeführten Zahlentafel C die Wärmedurchgangszahlen als Funktion der Luftgeschwindigkeit im engsten Querschnitt berechnet. Natürlich gelten diese Werte nur für den untersuchten Heizkörper,

d. h. für Röhren von 0,033 m äußerem Durchmesser und für Luftspalte von je 0,005 m[1]).

Fig. 16 stellt in derselben Weise wie die vorhergehenden Figuren die Versuchsergebnisse für den Radiator dar.

Dazu sei bemerkt, daß der Wärmedurchgang und auch der Druckhöhenverlust wesentlich vom Einbau der Radiatoren, und zwar derart abhängen, daß beide bei Verkleinerung des freien Luftquerschnitts wachsen und beide abnehmen, wenn der Luftquerschnitt vergrößert wird. Der in Fig. 4 dargestellte Einbau dürfte insofern dem heute in der Praxis meist üblichen[2]) vorzuziehen ein, als die gesamte Heizfläche unmittelbar vom Luftstrom bestrichen wird. Natürlich gelten auch hier wieder die gewonnenen Ergebnisse nur für geometrisch ähnliche Verhältnisse (die Kanalbreite betrug rund das 1,3 fache der Heizkörperhöhe).

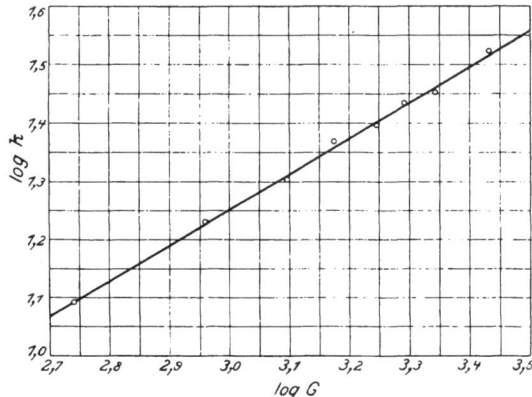

Fig. 16.

In Zahlentafel D (Anhang) sind die Wärmedurchgangszahlen als Funktion der im Zuluftkanal herrschenden Geschwindigkeit ausgerechnet.

B) Versuche über den Wärmedurchgang bei Warmwasser.

Der Wärmeübergang von Wasser an Metall ist abhängig:

1. von der Form der Heizfläche,
2. bei Röhren von dem Strömen des Wassers innerhalb oder außerhalb der Wandung,
3. von der Wassergeschwindigkeit,
4. von der Wassertemperatur.

Für den Fall, daß das Wasser wie beim Sturtevantheizkörper innerhalb der Röhren strömt, konnte die Wärmeübergangszahl α_1 vom Wasser an die Wand für die der tiefsten Außentemperatur entsprechende Wassertemperatur von 80[0] aus den früher angezogenen Versuchen von Stanton mit hinreichender Genauigkeit ermittelt werden. Für die bei dem untersuchten Heizkörper benutzten Verbandsrohre von 25,5 innerem und 33 mm äußerem Durchmesser ergab sich

$$\alpha_1 = 6410 \, v^{0,8} \quad \ldots \ldots \ldots \ldots \quad 9)$$

Die sich aus Gleichung 9 für zwei verschiedene Wassergeschwindigkeiten ergebende Werte von α_1 wurden mit den aus Zahlentafel C für zwei, drei und

---

[1]) Die ermittelten Werte von k sind größer als die in Tabelle 13 der 4. Auflage des »Leitfadens« angegebenen Zahlen, die seinerzeit für denselben Heizapparat erhalten wurden. Es ist dies darauf zurückzuführen, daß hinsichtlich der damals benutzten Meßmethoden und Meßinstrumente durch die letzten Forschungen der Anstalt neue Erkenntnisse gewonnen worden sind.

[2]) Siehe Rietschel: »Leitfaden«, 4. Auflage, Tafel 16, Fig. 1.

vier Rohrreihen und für verschiedene Luftgeschwindigkeiten aufgestellten Werte
von α_2 in Zahlentafel E nach der Formel

$$\frac{1}{k} = \frac{1}{\alpha_1} + \frac{1}{\alpha_2} \quad . \quad . \quad . \quad . \quad . \quad . \quad . \quad . \quad . \quad 10)[1]$$

kombiniert, so daß aus Zahlentafel E für den Sturtevantheizkörper unmittelbar
die Wärmedurchgangszahl von Wasser an Luft entnommen werden kann.

Für die Röhrenkessel und Radiatoren war die Gleichung 10 in der Weise zu
benutzen, daß aus den Versuchswerten k und den aus Zahlentafel A bekannten
Werten von α_2 die Wärmeübergangszahl von Wasser an Metall α_1 ermittelt wurde.
Aus der Art der Rechnung folgt unmittelbar, daß den als Differenz gefundenen
Werten von α_1 ein nicht sehr hoher Genauigkeitsgrad beizumessen ist. Dieser
Mangel ist aber für die praktische Verwendung insofern ohne Belang, als die

Werte von $\frac{1}{\alpha_1}$ verhältnismäßig klein sind und daher auf die Endwerte von k nur

einen geringen Einfluß ausüben.

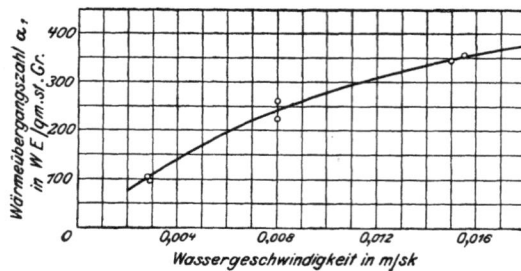

Fig. 17.

In Fig. 17 sind die beim
Doppelrohr (Fig. 2) gefundenen
Wärmeübergangszahlen α_1 als
Funktion der Wassergeschwindigkeit dargestellt. Die aus der
Kurve sich ergebenden Größen
wurden unmittelbar zur Berechnung der im Anhang aufgeführten Zahlentafel F verwandt, die
die Wärmedurchgangszahlen von
achtziggrädigem Wasser an Luft
für drei Kesseldimensionen und

verschiedene Wassergeschwindigkeiten enthält. Durch Interpolation können die
für die dazwischenliegenden Rohrdurchmesser geltenden Werte mit genügender
Genauigkeit gefunden werden.

Ebenso wie für die Kessel ohne »Einsätze« wurden im Anhang, in Zahlentafel G für den Kessel mit dem »Einsatz 3«, der sich als der wirtschaftlich güns-
tigste herausstellte, die Wärmedurchgangszahlen von Wasser an Luft als Funktion
der Luftgeschwindigkeit berechnet.

Die aus den Versuchen mit den Radiatoren erhaltenen Werte liegen
— offenbar als Folge der vom Doppelrohr verschiedenen Heizflächenform —
nicht auf der in Fig. 17 für letzteres aufgenommenen Kurve. Da sie aber durchgängig höhere Werte aufwiesen, überdies genaue Versuche kostspielige Umände-
rungen der vorhandenen Einrichtungen nötig gemacht hätten und die Größen α_1,
wie bereits erwähnt, nur von untergeordnetem Einfluß auf die Endresultate
waren, wurde für Radiatoren zur Sicherheit ebenfalls die in Fig. 17 dargestellte
Kurve der Berechnung der im Anhang, Zahlentafel H, zusammengestellten Wärmedurchgangszahlen von Wasser an Luft zugrunde gelegt.

---

[1] Der in der Gleichung fehlende Wert von $\frac{s}{\lambda}$ kann hier ebenso wie bei den
Dampfversuchen vernachlässigt werden.

III. Versuche über die Oberflächentemperatur.

In der Heizungstechnik herrscht, ausgehend von verschiedenen Beobachtungen, die auch durch Versuche von Prof. v. Esmarch[1]) bestätigte Vermutung, daß die Oberflächentemperatur von Dampfheizkörpern durch Anwendung hoher Luftgeschwindigkeiten so weit herabgedrückt werden könne, um die Dampfheizflächen den Warmwasserheizflächen hygienisch gleichzustellen. Um im Sinne der v. Esmarchschen Ausführungen diese wichtige Frage endgültig zu klären, wurden in das Doppelrohr nach Maßgabe der Fig. 2 auf der inneren Fläche sechs, auf der Außenfläche ein Thermoelement angeordnet, deren Einbau aus Fig. 18 zu ersehen ist. Die von der Physikalisch-Technischen Reichsanstalt

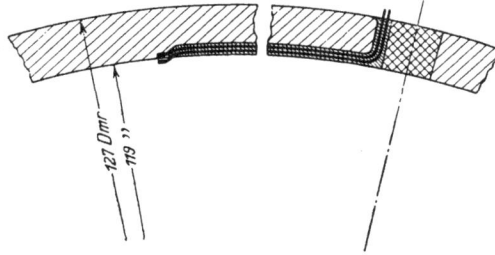

Fig. 18.

geeichten Thermoelemente aus Kupfer-Konstantan waren mit Zinn derart auf die Oberfläche aufgelötet, daß die Berührungsfläche beider Metalle gerade in der Rohroberfläche lag. Die mit schwarzer Emaille isolierten Thermodrähte fanden in einer kleinen Nut mit einem Kitt aus Bleiglätte und Glyzerin derartige Befestigung und Führung nach außen, daß die Oberfläche vollkommen glatt verblieb und Wirbelung der Luft nicht auftreten konnte. Die zweiten Lötstellen lagen in Eis. Zur Ermittlung der Temperaturen wurde die Lindeck-Schaltung benutzt, die von der Physikalisch-Technischen Reichsanstalt in der Zeitschrift für Instrumentenkunde (Oktober 1900) eingehend beschrieben ist. Die Ergebnisse sind in Zahlentafel 5 zusammengestellt und beweisen mit einer für die vorliegenden Zwecke genügenden Genauigkeit, daß selbst bei Anwendung von Luftgeschwindigkeiten bis 12 m/sek die Oberflächentemperaturen sich nur wenig von den Dampftemperaturen unterscheiden. Die Vermutung über eine wesentliche Erniedrigung der Oberflächentemperatur von Dampfheizkörpern muß daher fallen gelassen werden, ein Ergebnis, das unter Zugrundelegung der bisher bekannten Werte von a_1 und λ auch durchaus der Theorie des Wärmedurch-

Zahlentafel 5.

Dampftemperatur in °C	128,0	133,8	120,2	101,7	101,2
Mittlere Luftgeschwindigkeit in m/sek	8	8	8	8	12
Anzeige von Thermometer I	124,5	130,0	116,0	97,8	97,5
» » » II	124,5	130,0	116,0	97,8	97,5
» » » III	124,5	130,0	116,0	97,8	97,5
» » » IV	124,5	130,0	116,0	97,8	97,5
» » » V	124,5	130,0	116,0	97,8	97,5
» » » VI	124,5	130,0	116,0	97,8	97,5

ganges entspricht. Es ist aber nicht ausgeschlossen, daß die hygienische Gleichwertigkeit beider Heizflächen bei Anwendung großer Luftgeschwindigkeiten trotzdem zu Recht besteht, da zu vermuten ist, daß die Staubteilchen nicht genügend Zeit haben, sich an den hoch erhitzten Dampfheizflächen chemisch

---

[1]) v. Esmarch: »Die Abkühlung von Heizröhren durch darüber geleitete Luftströme«. Ges.-Ing. 1907.

zu verändern. Der Nachweis hierüber muß allerdings besonderen Untersuchungen vorbehalten bleiben.

IV. Versuche über den Druckhöhenverlust.

1. Versuchsanordnung und Meßmethode.

Zur Bestimmung des Druckhöhenverlustes für die Kessel und den Sturtevantheizkörper diente die in Fig. 19 dargestellte Versuchsanordnung. Messing-

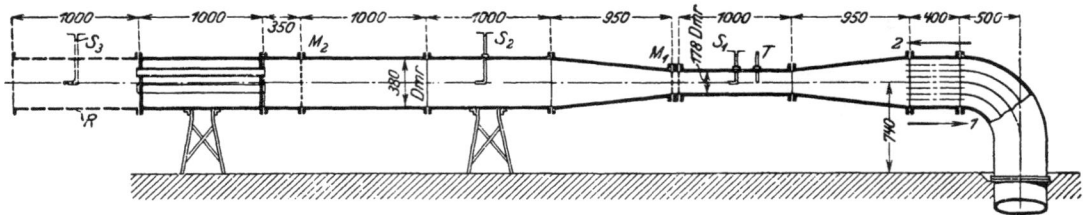

Fig. 19.

$\left.\begin{array}{l} M_1 \\ M_2 \end{array}\right\}$ Messingnetze $\qquad$ $\left.\begin{array}{l} S_1 \\ S_2 \\ S_3 \end{array}\right\}$ Staurohre $\qquad$ T Thermometer

netze M_1 sicherten für die Geschwindigkeitsmessungen, die mit dem Staurohr S_1 vorgenommen wurden, einwandfreie Beobachtungen. Anfänglich wurde versucht, den statischen Druck in einer Entfernung von etwa 200 mm vom Heizapparat zu messen, da hier die mit dem Staurohr aufgenommene Druckverteilung über den ganzen Querschnitt gleichmäßige Werte zeigte. Anderweitige Erfahrungen, die in der Prüfungsanstalt gesammelt worden waren, erregten jedoch Verdacht gegen die Ausführung dieser Druckmessung und führten schließlich zum Einbau des Messingnetzes M_2, durch das in dem für die Druckmessung bestimmten Querschnitt nicht nur eine gleichmäßige Druckverteilung, sondern auch eine annähernd gleichmäßige Geschwindigkeitsverteilung erzielt wurde.

Bei der Bestimmung des Druckhöhenverlustes waren vier Anordnungen zu unterscheiden, und zwar

Anordnung 1: der Heizkörper ist beim Austritt der Luft mit einer Rohrleitung verbunden.

Anordnung 2: der Heizkörper ist beim Ein- und Austritt der Luft mit einer Rohrleitung verbunden.

Anordnung 3: der Heizkörper ist beim Eintritt der Luft mit einer Rohrleitung verbunden.

Anordnung 4: der Heizkörper ist weder beim Ein- noch beim Austritt der Luft mit einer Rohrleitung verbunden.

Bei Anordnung 1 wurde die Luft in der Pfeilrichtung 1 (Fig. 19) gefördert und der Widerstand der Meßstrecke vom Heizkörper bis zum Staurohr S_2 vorher festgestellt. Bei Anordnung 2 ergaben Vorversuche unter Benutzung des Rohres R und des Staurohres S_3 gleiche oder nur um wenige Prozent niedrigere Werte.

Bei Anordnung 3 wurde nach Ausbau des Messingnetzes M_2 und Versetzen des Staurohres S_2 die Luft in der Pfeilrichtung 2 gefördert und der bezügliche Druckhöhenverlust unmittelbar gemessen. Für Anordnung 4 war den so bestimmten Werten die Differenz der Eintrittswiderstände zuzuzählen, die durch

die früher erwähnten Vorversuche bereits ermittelt waren. Da es sich zur Ver-
einfachung empfiehlt, die geringen Unterschiede der Eintrittswiderstände zu vernachlässigen und für die Druckhöhenverluste stets die größeren Werte zu nehmen,
so sollen einerseits die Anordnungen 1 und 2, anderseits die Anordnungen 3 und 4
in nur zwei Fälle zusammengefaßt werden. Fall 1 ist also dadurch gekenn-
zeichnet, daß sich hinter dem Heizkörper eine Rohrleitung befindet,
Fall 2 dadurch, daß hinter dem Heizkörper keine Rohrleitung vorhanden ist.

2. Versuchsergebnisse.

Auf die vorbeschriebene Weise wurden alle Kessel von 1 m Länge, Kessel II
und III in zwei, Kessel IV in drei verschiedenen Längen, Kessel II mit den
4 verschiedenen »Einsätzen«, der Sturtevantheizkörper mit 2, 3 und 4 Rohrreihen

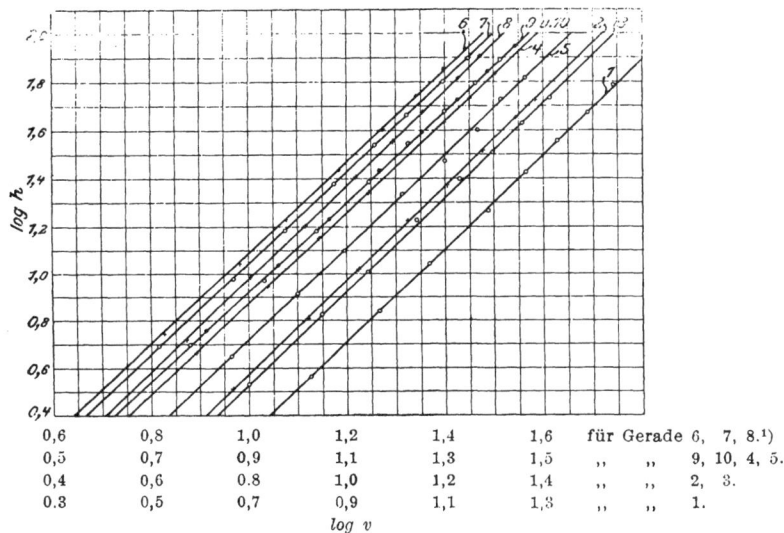

Fig. 20.

1) Die Bezeichnungen der Geraden entsprechen den Versuchsreihen in Zahlentafel 6.

und die Radiatoren in der früher erwähnten Anordnung untersucht. Die Ergebnisse wurden sämtlich logarithmisch aufgetragen und lassen sich, wie Fig. 20 bei-
spielsweise für die untersuchten Kessel (Anordnung 1) zeigt, mit genügender
Annäherung durch das Gesetz

$$h = z \, v^n \, \gamma \,^2) \quad \ldots \quad \ldots \quad \ldots \quad \ldots \quad 11)$$

ausdrücken.

Bei den Röhrenkesseln setzt sich der gesamte Druckhöhenverlust aus der
Reibung längs der Rohrwand und den einmaligen Widerständen beim Ein- und
Austritt zusammen. Für die Bestimmung des ersteren lagen mit Rücksicht auf
die hier verwendeten Rohrdurchmesser genügende Versuchsergebnisse im »Leitfaden« und in der zusammenfassenden Arbeit von Fritzsche »Untersuchungen
über den Strömungswiderstand der Gase in geraden zylindrischen Rohrleitungen« [3])
vor. Unter der Annahme der Reibungsgröße, die mit Rücksicht auf die be-
quemere Anwendung nach der Fritzscheschen Formel bestimmt wurde, konnte

2) z und n sind selbstredend andere Konstante wie die in Gl. 5.
3) Dissertationsarbeit an der Kgl. Techn. Hochschule Dresden.

daher der einmalige Widerstand aus dem gemessenen Gesamtdruck ermittelt werden, wobei die aus verschiedenen Kessellängen erhaltenen Werte zur Kontrolle dienten. Zahlentafel 6 zeigt für die einzelnen Kessel bei Fall 1 die Größe

Zahlentafel 6.

Nr. der Ver- suchs- reihe	Kessel-		Gesamtdruck- höhenverlust h in mm WS	Druckhöhenverlust durch		Bemer- kungen
	Bezeich- nung	Länge in m		Reibung h_R in mm WS	Ein- u. Austritts- widerstände h_W in % der Ge- schwind.-Höhe	
1	I	1,015	$0,0891\ v^{1,96}$	$0,0239\ v^{1,852}$	92	Der Widerstand der Meß- strecke betrug für alle Versuche $0,00977\ v^{1,63}$
2	II	1,515	$0,0991\ v^{1,975}$	$0,0516\ v^{1,852}$	83	
3	II	1,010	$0,0887\ v^{1,975}$	$0,0344\ v^{1,852}$	83	
4	III	1,515	$0,1426\ v^{1,91}$	$0,0877\ v^{1,852}$	75	
5	III	1,015	$0,0940\ v^{1,94}$	$0,0588\ v^{1,852}$	56	
6	IV	1,265	$0,1466\ v^{1,92}$	$0,1096\ v^{1,852}$	63	
7	IV	1,015	$0,1324\ v^{1,92}$	$0,0880\ v^{1,852}$	68	
8	IV	0,685	$0,1047\ v^{1,96}$	$0,0594\ v^{1,852}$	77	
9	V	1,000	$\Big\}\ 0,1687\ v^{1,885}$	$\Big\}\ 0,1543\ v^{1,852}$	27	
10	VI	1,000				

des einmaligen Widerstandes in Prozenten der Geschwindigkeitshöhe. Für Kessel II und IV stimmten die Kontrollwerte innerhalb praktisch zulässiger Grenzen überein, für Kessel III, bei dem eine größere Abweichung — vermutlich infolge verschieden rauher Rohre — festzustellen war, wurden die größeren Werte der weiteren Ausrechnung zugrunde gelegt.

In Zahlentafel J (Anhang) sind die Druckhöhenverluste in mmWS für sämtliche Kessel und Geschwindigkeiten für die Temperatur von 0 Grad und normalem Barometerstand zusammengestellt. In der Zahlentafel ist die Reibung (h_R) pro 1 m Kessellänge nach der Formel von Fritzsche aus der Gleichung

$$h_R = 0{,}001164\ \frac{v^{1,852}}{d^{1,269}} \quad\cdots\cdots\cdots\cdots\ 12)[1]$$

ermittelt und der einmalige Widerstand beim Ein- und Austritt (h_W) als aufgerundeter bzw. extrapolierter Wert der Zahlentafel 6 berechnet.

Für Fall 2 zeigten Versuche, daß bei dieser Art der Anordnung die Summe der Ein- und Austrittswiderstände um rund 30% der Geschwindigkeitshöhe zu vergrößern ist. Für diesen Fall sind daher die aus Zahlentafel J entnommenen Werte von h_W um die in der letzten Spalte der Zahlentafel aufgeführten Werte von h'_W zu erhöhen.

Für die Umrechnung des Gesamtdruckhöhenverlustes auf andere Temperaturen kann mit genügender Genauigkeit die auf Zahlentafel J angegebene Hilfstabelle benutzt werden.

Der Ein- und Austrittswiderstand bei Verwendung der »Einsätze« wurde für den Einbau nach Fall 1 aus dem entsprechenden Gesamtdruckhöhenverlust unter Zugrundelegung der für den Kessel ohne Einsätze berechneten Reibungshöhe ermittelt und die bezüglichen Werte als Funktion der Geschwindigkeit in Zahlentafel K (Anhang) zusammengestellt. Versuche mit zwei verschieden langen Kesseln haben gezeigt, daß die auf diese Weise berechneten Gesamtdruckhöhenverluste mit genügender Genauigkeit den Beobachtungen entsprechen.

---

[1] h_R in mmWS, v in m/sek, d in m.

Die Druckhöhenverluste bei Einbau nach Fall 2 konnten aus den für den entsprechenden Kessel ohne »Einsätze« ermittelten Werten gefunden werden. Auf diese Weise ergaben sich die in der Zahlentafel K aufgeführten Werte von h_W'', die für diese Art der Anordnung den Werten h_W zuzuzählen sind.

Für den Sturtevantheizkörper[1]) und die Radiatoren wurden aus den gefundenen Werten für bestimmte Luftgeschwindigkeiten die im Anhang in den Zahlentafeln L und M enthaltenen Druckhöhenverluste durch graphische Interpolation ermittelt.

Mit Hilfe der in Zahlentafeln A bis M enthaltenen Werte, die das Ergebnis aus rund 500 Versuchen darstellen, dürften sich, wie die folgenden Beispiele zeigen, alle in der Praxis auftretenden Fälle, bei denen Heizkörper der untersuchten Art mit hohen Luftgeschwindigkeiten zur Anwendung kommen, einfach und mit genügender Sicherheit rechnerisch behandeln lassen.

V. Praktische Anwendung der Ergebnisse.

1. Allgemeines.

Soll durch einen Heizapparat eine gegebene Luftmenge gefördert und auf eine bestimmte Temperatur erwärmt werden, so ergeben sich, abhängig von der geometrischen Form des Apparates, ganz bestimmte Beziehungen zwischen Luftgeschwindigkeit, freiem Luftquerschnitt und Heizfläche, die bei Anwendung der früher gewonnenen Ergebnisse berücksichtigt werden müssen.

Luftröhrenkessel. Mit den früher angegebenen Bezeichnungen ist

$$Q = G\,c\,(t_2 - t_1) \quad \ldots \ldots \ldots \quad 13)$$

oder, wenn man $G = 3600\,d^2\,\dfrac{\pi}{4}\,\gamma \cdot v \cdot n$[2]) einsetzt,

$$Q = 3600\,d^2\,\frac{\pi}{4}\,\gamma\,v\,n\,c\,(t_2 - t_1)$$

anderseits ist

$$Q = F\,k\,\vartheta\,[3]) = n\,d\,\pi\,l\,k\,\vartheta\,[4]) \quad \ldots \ldots \ldots \quad 14)$$

Mit Berücksichtigung von Gleichung (7) wird hieraus

$$l = 68{,}0\,\frac{t_2 - t_1}{\vartheta}\,d^{1,16}\,(\gamma\,v)^{0,21} \quad \ldots \ldots \ldots \quad 15)$$

Für eine mittlere Lufttemperatur von 0^0 C und normalem Barometerstand werde der Sicherheit halber $\gamma = 1{,}293$ gesetzt, woraus sich

$$l = 71{,}5\,\frac{t_2 - t_1}{\vartheta}\,d^{1,16}\,v^{0,21} \quad \ldots \ldots \ldots \quad 15a)$$

ergibt.

---

[1]) Die Druckhöhenverluste hatten sich für die oben erwähnten drei Anordnungen als gleich erwiesen.

[2]) n, Röhrenzahl.

[3]) ϑ, die mittlere Temperaturdifferenz zwischen Heizmittel und Luft, $= \dfrac{\vartheta_a - \vartheta_b}{\ln \vartheta_a - \ln \vartheta_b}$; für die meisten Zwecke der Heiztechnik genügt die Annäherung (s. S. 10)

$$\vartheta = \frac{t' + t''}{2} - \frac{t_1 + t_2}{2}$$

[4]) l, Länge der Heizröhren in m.

Für andere mittlere Temperaturen ist die rechte Seite der Gleichung zu multiplizieren bei:

$\qquad 10^0$ C mit 0,99,
$\qquad 20^0$ » » 0,985,
$\qquad 30^0$ » » 0,98,
$\qquad 40^0$ » » 0,97,
$\qquad 50^0$ » » 0,965.

Zur bequemen Benutzung der Gleichung 15a) sind in Zahlentafel A die Werte $v^{0,21}$ und $d^{1,16}$ gegeben.

Sturtevantheizkörper. Für den Sturtevantheizkörper ergibt sich folgender Zusammenhang: bei zwei Rohrreihen und der Annahme, daß ebensoviel Luftspalte von 5 mm Breite wie Heizröhren in jeder Reihe vorhanden sind, ist die Heizfläche $F = 2\,nl\,d\,\pi$ und der Luftquerschnitt $q = 0,005\,nl$. Setzt man diese Werte in Gl. 13) und 14) ein und berücksichtigt gleichzeitig Gl. 8a), so erhält man:

$$Q = 18\,nl\,\gamma\,v\,c\,(t_2 - t_1) \quad \ldots \ldots \ldots \quad 16)$$

Hieraus folgt:
$$Q = 2\,nl\,0,104 \cdot 15,8\,(\gamma v)^{0,59}\,\vartheta \quad \ldots \ldots \quad 17)$$

$$v^{0,41} = \frac{0,767}{\gamma^{0,41}} \cdot \frac{\vartheta}{t_2 - t_1} \quad \ldots \ldots \ldots \quad 18)$$

Auf die gleiche Weise ergibt sich für drei Rohrreihen

$$v^{0,41} = \frac{1,235}{\gamma^{0,41}} \cdot \frac{\vartheta}{t_2 - t_1} \quad \ldots \ldots \ldots \quad 19)$$

und für vier Rohrreihen

$$v^{0,41} = \frac{1,760}{\gamma^{0,41}} \cdot \frac{\vartheta}{t_2 - t_1} \quad \ldots \ldots \ldots \quad 20)$$

Für einen mittleren Zustand der Luft von 0^0 C und normalem Barometerstand folgt hieraus:

$$v^{0,41} = 0,690 \cdot \frac{\vartheta}{t_2 - t_1} \quad \ldots \ldots \ldots \quad 18\,a)$$

$$v^{0,41} = 1,11 \cdot \frac{\vartheta}{t_2 - t_1} \quad \ldots \ldots \ldots \quad 19\,a)$$

$$v^{0,41} = 1,59 \cdot \frac{\vartheta}{t_2 - t_1} \quad \ldots \ldots \ldots \quad 20\,a)$$

Für andere mittlere Temperaturen sind die rechten Seiten obiger Gleichungen mit folgenden Faktoren zu multiplizieren bei:

$\qquad 10^0$ C mit 1,015,
$\qquad 20^0$ » » 1,03,
$\qquad 30^0$ » » 1,045,
$\qquad 40^0$ » » 1,06,
$\qquad 50^0$ » » 1,07.

Zwecks leichter Anwendung der Gl. 18a), 19a) und 20a) finden sich in Zahlentafel C die Werte $v^{0,41}$ ausgerechnet.

Radiatoren. Für die Radiatoren wird sich bei einer gegebenen Luftmenge nicht immer die gewünschte Erwärmung erreichen lassen, da über dem durch Luftmenge und Geschwindigkeit gegebenen Querschnitt nicht genügend Heizfläche untergebracht werden kann. In diesem Falle müssen zur Erzielung des geforderten Effektes Vor- oder Nachwärmheizflächen angeordnet werden.

2. Beispiele.

Gemeinsame Annahme für sämtliche Beispiele:
Es seien $L = 10\,000$ cbm/std (geg. in 20^0 C) von $t_1 = -20^0$ C auf $t_2 = +20^0$ C mittels Dampfes von 1,1 atm. abs. zu erwärmen.

Somit ist $Q = L \gamma c \, (t_2 - t_1) = 114\,000$ WE, die Differenz zwischen Dampf- und mittlerer Lufttemperatur

$$= 102 - \frac{-20 + 20}{2} = 102^0 \text{ C.}$$

Beispiel 1 (Luftröhrenkessel). Es seien Heizröhren von beliebiger Länge, aber von 0,070 m Durchmesser und eine Luftgeschwindigkeit von 10 m/sek[1]) zu wählen. Bei dieser Annahme ergibt sich aus Zahlentafel A

$k = 36,2$ und nach Gl. 14)

$$F = \frac{114\,000}{36,2 \cdot 102} = 30,9 \text{ qm.}$$

Die Anzahl der benötigten Röhren folgt aus:

$$3600 \, n \, \frac{d^2 \pi}{4} \, v = \frac{L}{1 + \alpha\,20} \text{ zu } n = 67$$

und die Länge der Heizröhren aus

$$\frac{F}{n \, d \, \pi} = \frac{30,9}{67 \cdot 0,22} \text{ zu } l = 2,1 \text{ m.}$$

Der Kessel ist in Tafel 1, Fig. 1 dargestellt; sein Druckhöhenverlust beträgt nach Zahlentafel J

$$h = 2,1 \cdot 2,42 + 5,6 = 10,7 \text{ mm WS,}$$

falls hinter dem Kessel eine Rohrleitung angeschlossen ist;

$$h = 2,1 \cdot 2,42 + 5,6 + 2,0 = 12,7 \text{ mm WS,}$$

falls hinter dem Kessel keine Rohrleitung angeschlossen ist.

Beispiel 2 (Luftröhrenkessel). Mit Rücksicht auf räumliche Verhältnisse soll die Länge der Kessel 1,25 m nicht überschreiten. Die Geschwindigkeit betrage wiederum 10 m/sek.

Dann ergibt sich aus Gl. 14a) unter Benutzung der in Zahlentafel A ausgerechneten Werte von $d^{1,16}$ und $v^{0,21}$

$$d = 0,046 \text{ m;}$$

für diesen Durchmesser folgt:

$k = 38,8$ (Zahlentafel A),

$F = 28,8$ qm,

$n = 159$ (auf zwei Kessel zu verteilen),

$l = 1,25$ m,

$h = 10,1$ mm WS (Zahlentafel J), falls hinter dem Kessel eine Rohrleitung angeschlossen ist;

$h = 12,1$ mm WS, falls hinter dem Kessel keine Rohrleitung angeschlossen ist;

die Kessel sind in Tafel 1, Fig. 3 dargestellt.

Beispiel 3 (Luftröhrenkessel). Bedingungen wie bei Beispiel 1, jedoch Anwendung der »Einsätze« 3. In diesem Falle ist:

$k = 45,8$ (Zahlentafel B),

$F = 24,4$ qm,

$l = 1,66$ m,

$h = 10,9$ mm WS, falls hinter dem Kessel eine Rohrleitung angeschlossen ist (Zahlentafel K);

$h = 12,9$ mm WS, falls hinter dem Kessel keine Rohrleitung angeschlossen ist.

---

[1]) Die Luftgeschwindigkeit bezieht sich hier, wie in allen folgenden Beispielen, auf den mittleren Zustand der Luft im Kessel, nach der obigen Annahme also auf 0° C.

Der Kessel ist in Tafel 1 Fig. 2 dargestellt; seine Länge ist um 21 % kleiner als die des entsprechenden Kessels ohne Einsätze.

Beispiel 4 (Sturtevantheizkörper). Es seien Apparate mit zwei Rohrreihen gewählt, der äußere Heizrohrdurchmesser betrage 0,033 m und der Luftspalt zwischen zwei Röhren 0,005 m. Nach Gl. 18a) wird unter Benutzung der Zahlentafel C

$$v = 4 \text{ m/sek}, \quad k = 41,5 \quad \text{und die Heizfläche } F = 27 \text{ qm}.$$

Wählt man zwei Apparate mit einer Heizröhrenlänge von 1,5 m, so folgt die Gesamtröhrenzahl

$$2\,n = \frac{27}{0,104 \cdot 1,5} = 174.$$

Jeder Apparat erhält daher zwei Reihen mit 44 bzw. 43 Röhren (Tafel 1, Fig. 4). Der Druckhöhenverlust beträgt 1,25 mm WS für jeden Einbau (Zahlentafel L).

Beispiel 5 (Sturtevantheizkörper). Zwecks Raumersparnis sei ein gleicher Apparat wie in Beispiel 4, jedoch mit drei Rohrreihen gewählt. Dann wird nach Gl. 19a)

$$v = 12,5 \text{ m/sek},$$
$$k = 87,1 \text{ (Zahlentafel C)},$$
$$F = 12,8 \text{ qm}.$$

Nimmt man die Rohrlänge mit 1,0 m an, so wird die Gesamtzahl der Rohre 124, d. h. 41 bzw. 42 für jede Rohrreihe (Tafel 1, Fig. 5). Der Druckhöhenverlust beträgt 13,6 mmWS (Zahlentafel L).

Beispiel 6 (dachförmig zusammengestellte Radiatoren). Es ist zu ermitteln, bis zu welcher Temperatur die verlangte Luftmenge vorgewärmt werden kann, wenn die Luftgeschwindigkeit im Zuluftkanal 1 m/sek beträgt. Schätzt man die mittlere Temperatur der Luft zu — 10° C, so wird der benötigte Kanalquerschnitt

$$q = \frac{10\,000 \cdot 263}{3600 \cdot 293} = 2,5 \text{ qm}.$$

Wählt man z. B. dreisäulige Radiatoren, so lassen sich unter der Annahme, daß die Kanalbreite rund das 1,3fache der Heizkörperhöhe beträgt, insgesamt 2×28 Glieder von 900 mm Höhe über dem berechneten Kanalquerschnitt unterbringen. Die Dimensionen des Kanals sind 2,19 $\times$ 1,175 qm. Die gesamte Heizfläche betrage[1] $F = 26,88$ qm; ferner ist (nach Zahlentafel D) für $v = 1$ m/sek $k = 19,5$[2]. Bezeichnet man die Endtemperatur der Luft mit t_x, so ist nach der Formel $Q = L \cdot \gamma \cdot c \,(t_2 - t_1) = F \cdot k \cdot \vartheta$

$$10\,000 \cdot 1,20 \cdot 0,2375\,(20 + t_x) = 26,88 \cdot 19,5 \left(112 - \frac{t_x}{2}\right).$$

Hieraus ergibt sich $t_x = 0,5°$ C. Der Druckhöhenverlust beträgt (nach Zahlentafel M) $h = 0,12$ mm WS. Die auf Tafel 1, Fig. 6 dargestellte Anlage weist daher nur die Hälfte der Wärmeleistung auf, die die anderen Apparate (Fig. 1 bis Fig. 5) besitzen. Um die Luft auf + 20° C zu erwärmen, müßte man entweder zwei solcher Radiatorreihen übeinander oder andere Vor- bzw. Nachwärmeheizflächen anordnen.

---

[1] nach Katalogangabe.

[2] mit Berücksichtigung der Hilfstabelle.

VI. Anhang.

Zahlentafeln.

Zahlentafel B.

Wärmedurchgangszahlen für den Kessel mit Röhren von »0,070 m i. Durchm. mit Wirbeleinsätzen«.

Mittlere Lufttemperatur 0° C, normaler Barometerstand.
Heizmittel: Dampf von 1–5 atm absol.

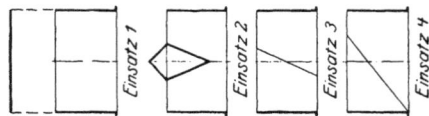

Luftgeschwindigkeit in m/sek	ohne Einsatz	Einsatz 1	Einsatz 2	Einsatz 3	Einsatz 4
1,0	5,9	8,2	6,6	7,8	10,8
1,5	8,1	11,2	9,0	10,7	14,8
2,0	10,2	13,9	11,3	13,3	18,4
2,5	12,1	16,5	13,4	15,8	21,8
3,0	14,0	19,0	15,5	18,2	25,0
3,5	15,8	21,4	17,4	20,5	28,1
4,0	17,6	23,7	19,3	22,7	31,2
4,5	19,3	25,9	21,2	24,8	34,1
5,0	21,0	28,1	23,0	26,9	37,0
6,0	24,2	33,1	26,5	30,9	42,4
7,0	27,3	36,4	29,8	34,8	47,7
8,0	30,4	41,2	33,1	38,6	52,9
9,0	33,3	44,1	36,2	42,2	57,8
10,0	36,2	47,2	39,3	45,8	62,7
11,0	39,1	51,4	42,3	49,2	67,3
12,0	41,8	55,0	45,3	52,6	72,0
13,0	44,6	59,7	48,2	55,8	76,5
14,0	47,3	61,9	51,0	59,2	81,0
15,0	50,0	65,3	53,8	62,5	85,3
17,0	55,1	71,8	59,3	68,7	93,8
20,0	62,7	81,4	67,3	77,9	106,0
25,0	74,8	96,8	80,0	92,7	126,0

Die Werte der Zahlentafel sind bei einer mittleren Lufttemperatur von:

10° C mit 0,97
20° C » 0,95
30° C » 0,92   zu multiplizieren.
40° C » 0,90
50° C » 0,88

Zahlentafel A.

Wärmedurchgangszahlen für Luftröhrenkessel (siehe Fig. 1).

Mittlere Lufttemperatur 0° C, normaler Barometerstand.
Heizmittel: Dampf von 1–5 atm absol.

Luftgeschwindigkeit in m/sek v	v 0,21	Innerer Rohrdurchmesser d in m							
		0,0215	0,0335	0,0460	0,0675	0,0700	0,0825	0,0945	0,1190
		d 1,16 in m							
		0,0116	0,0195	0,0281	0,0364	0,0457	0,0554	0,0648	0,0846
		Abstand der Rohre in m							
		0,045	0,060	0,078	0,094	0,110	0,125	0,140	0,175
1,0	1,00	7,1	6,6	6,3	6,1	5,9	5,7	5,6	5,4
1,5	1,09	9,8	9,1	8,7	8,4	8,1	7,9	7,7	7,4
2,0	1,16	12,3	11,4	10,9	10,5	10,2	9,9	9,7	9,3
2,5	1,21	14,6	13,6	13,0	12,5	12,1	11,8	11,6	11,1
3,0	1,26	16,9	15,8	15,0	14,4	14,0	13,6	13,3	12,9
3,5	1,30	19,1	17,8	16,9	16,3	15,8	15,4	15,1	14,5
4,0	1,34	21,2	19,8	18,8	18,1	17,6	17,1	16,8	16,1
4,5	1,37	23,3	21,7	20,6	19,9	19,3	18,8	18,4	17,7
5,0	1,40	25,3	23,6	22,4	21,6	21,0	20,4	20,0	19,2
6,0	1,46	29,2	27,2	25,9	25,0	24,2	23,6	23,1	22,2
7,0	1,51	33,0	30,8	29,2	28,2	27,3	26,6	26,1	25,1
8,0	1,55	36,7	34,2	32,5	31,4	30,4	29,6	29,0	27,9
9,0	1,59	40,3	37,5	35,6	34,4	33,3	32,5	31,8	30,6
10,0	1,62	43,8	40,8	38,8	37,4	36,2	35,3	34,6	33,2
11,0	1,66	47,2	44,0	41,8	40,4	39,1	38,1	37,3	35,9
12,0	1,69	50,6	47,1	44,8	43,2	41,8	40,8	39,9	38,4
13,0	1,71	53,9	50,2	47,7	46,0	44,6	43,4	42,5	41,0
14,0	1,74	57,2	53,3	50,6	48,8	47,3	46,1	45,1	43,5
15,0	1,77	60,4	56,2	53,4	51,6	50,0	48,7	47,6	45,9
17,0	1,81	66,6	62,0	58,9	56,9	55,1	53,7	52,5	50,6
20,0	1,88	75,7	70,5	67,0	64,7	62,7	61,1	59,8	57,6
25,0	1,97	90,3	84,1	80,0	77,2	74,8	72,8	71,3	68,7
30,0	2,04	104,3	97,1	92,3	89,1	86,3	84,0	82,3	79,3

Die Werte der Zahlentafel sind bei einer mittleren Lufttemperatur von:

10° C mit 0,97
20° C » 0,95
30° C » 0,92   zu multiplizieren.
40° C » 0,90
50° C » 0,88

Zahlentafel D.

Wärmedurchgangszahlen für dachförmig zusammengestellte Radiatoren (siehe Fig. 4).

Äußerer Heizrohrdurchmesser = 0,03 m, normaler Barometerstand.
Heizmittel: Dampf von 1—3 atm absol.
Mittlere Lufttemperatur 0° C, normaler Barometerstand.

Luftgeschwindigkeit in m/sek	Wärmedurchgangszahl k in WE/qm std. °C.
0,20	7,2
0,30	9,2
0,40	10,9
0,50	12,5
0,60	14,0
0,80	16,7
1,00	19,1
1,20	21,4
1,40	23,5
1,60	25,5
1,80	27,4
2,00	29,2
2,25	31,4
2,50	33,5
2,75	35,5
3,00	37,5

Die Werte der Zahlentafel sind bei einer mittleren Lufttemperatur von:

— 10° C mit	1,02
10° C »	0,98
20° C »	0,96
30° C »	0,94
40° C »	0,92
50° C »	0,90

zu multiplizieren.

Zahlentafel C.

Wärmedurchgangszahlen für Heizkörper nach dem Sturtevant-system (siehe Fig. 3).

Äußerer Heizrohrdurchmesser = 0,03 m, Luftspalt zwischen zwei Rohren = 0,005 m.
Mittlere Lufttemperatur 0° C, normaler Barometerstand.
Heizmittel: Dampf von 1—5 atm absol.

Luftgeschwindigkeit v in m/sek	$v^{0,41}$	2 Rohrreihen	3 Rohrreihen	4 Rohrreihen
0,5	0,75	12,2	13,0	14,0
1,0	1,00	18,3	19,6	21,0
1,5	1,18	23,3	24,9	26,7
2,0	1,33	27,6	29,6	31,7
2,5	1,46	31,5	33,7	36,1
3,0	1,57	35,0	37,5	40,2
3,5	1,67	38,4	41,1	44,2
4,0	1,77	41,5	44,5	47,7
4,5	1,85	44,5	47,7	51,1
5,0	1,94	47,4	50,8	54,4
6,0	2,09	52,7	56,5	60,5
7,0	2,22	57,7	61,8	66,3
8,0	2,35	62,5	67,0	71,8
9,0	2,46	67,0	71,8	76,9
10,0	2,57	71,3	76,4	81,9
11,0	2,67	75,4	80,8	86,6
12,0	2,77	79,4	85,0	91,1
13,0	2,86	83,2	89,1	95,5
14,0	2,95	87,0	93,2	99,8
15,0	3,04	90,6	97,1	104,0
17,0	3,20	97,5	104,5	111,9
20,0	3,41	107,4	115,1	123,3

Die Werte der Zahlentafel sind bei einer mittleren Lufttemperatur von:

10° C mit	0,98
20° C »	0,96
30° C »	0,94
40° C »	0,92
50° C »	0,90

zu multiplizieren.

Zahlentafel E.

Wärmedurchgangszahlen für Heizkörper nach dem Sturtevantsystem (siehe Fig. 3).

Äußerer Heizrohrdurchmesser = 0,033 m, Luftspalt zwischen 2 Rohren = 0,005 m. Mittlere Lufttemperatur 0° C, normaler Barometerstand. Heizmittel: Warmwasser von 80° C mittlerer Temperatur.

Luftgeschwindigkeit v in m/sek	$v^{0,41}$	2 Rohrreihen			3 Rohrreihen			4 Rohrreihen		
		Wassergeschwindigkeit in m/sek								
		0,025	0,060	2,0	0,025	0,060	2,0	0,025	0,060	2,0
0,5	0,75	11,8	12,0	12,2	12,5	12,8	13,0	13,4	13,7	14,0
1,0	1,0	17,4	17,8	18,3	18,5	19,0	19,6	19,7	20,3	21,0
1,5	1,18	21,8	22,5	23,3	23,2	24,0	24,9	24,8	25,7	26,7
2,0	1,33	25,5	26,5	27,6	27,2	28,3	29,6	29,0	30,3	31,7
2,5	1,46	28,8	30,1	31,5	30,6	32,1	33,7	32,6	34,2	36,1
3,0	1,57	31,6	33,2	35,0	33,6	35,5	37,5	35,8	37,8	40,2
3,5	1,67	34,4	36,2	38,4	36,6	38,7	41,1	39,1	41,4	44,1
4,0	1,77	36,9	39,1	41,5	39,2	41,6	44,5	41,7	44,5	47,7
4,5	1,85	39,2	41,7	44,5	41,6	44,4	47,7	44,5	47,7	51,1
5,0	1,94	41,5	44,3	47,4	44,0	47,1	50,8	46,8	50,3	54,4
6,0	2,09	45,4	48,8	52,7	48,3	52,1	56,5	51,1	55,5	60,5
7,0	2,22	49,1	53,1	57,7	52,0	56,5	61,8	55,3	60,2	66,3
8,0	2,35	52,6	57,2	62,5	55,7	60,9	67,0	59,0	64,8	71,8
9,0	2,46	55,7	60,9	67,0	59,0	64,7	71,8	62,5	68,9	76,9
10,0	2,57	58,7	64,5	71,3	62,1	68,5	76,4	65,8	73,0	81,9
11,0	2,67	61,4	67,8	75,4	65,0	72,6	80,8	68,8	76,7	86,6
12,0	2,77	64,1	71,0	79,4	67,5	75,5	85,0	71,6	80,3	91,1
13,0	2,86	66,6	74,2	83,2	70,2	78,5	89,1	74,2	83,5	95,5
14,0	2,95	68,9	77,0	87,0	72,8	81,7	93,2	76,7	86,8	99,8
15,0	3,04	71,2	79,8	90,6	75,2	84,7	97,1	79,2	89,9	104,0
17,0	3,20	75,4	84,5	97,5	79,6	90,4	104,6	83,6	95,7	111,9
20,0	3,41	81,1	92,6	107,4	85,5	98,3	115,1	89,8	104,2	123,3

Die Werte der Zahlentafel sind bei einer mittleren Lufttemperatur von:

10° C mit 0,98
20° C » 0,96
30° C » 0,94
40° C » 0,92
50° C » 0,90

zu multiplizieren.

Zahlentafel F.

Wärmedurchgangszahlen für Luftröhrenkessel (siehe Fig. 1).

Mittlere Lufttemperatur 0° C, normaler Barometerstand. Heizmittel: Warmwasser von 80° C mittlerer Temperatur.

Luftgeschwindigkeit in m/sek	0,0335				0,0575				0,0625			
	0,005	0,01	0,03	2,0	0,005	0,01	0,03	2,0	0,005	0,01	0,03	2,0
1,0	6,3	6,5	6,5	6,6	5,8	5,9	6,0	6,1	5,5	5,6	5,7	5,7
1,5	8,7	8,8	9,0	9,1	7,9	8,1	8,3	8,4	7,6	7,8	7,9	7,9
2,0	10,6	11,0	11,2	11,4	9,8	10,1	10,3	10,5	9,3	9,5	9,8	9,9
2,5	12,5	13,0	13,3	13,6	11,6	11,2	12,3	12,5	10,9	11,3	11,6	11,8
3,0	14,4	15,0	15,5	15,8	13,2	13,7	14,1	14,4	12,4	12,9	13,5	13,6
3,5	15,9	16,7	17,3	17,8	14,7	15,3	15,9	16,3	14,0	14,6	15,0	15,4
4,0	17,5	18,4	19,2	19,8	16,2	16,9	17,6	18,1	15,4	16,1	16,5	17,1
4,5	19,0	20,0	21,0	21,7	17,6	18,5	19,3	19,9	16,7	17,6	18,3	18,8
5,0	20,4	21,7	22,7	23,6	18,9	20,0	20,9	21,6	18,0	19,0	19,8	20,4
6,0	23,1	24,7	26,1	27,2	21,5	22,9	24,0	25,0	20,6	21,7	22,7	23,6
7,0	25,6	27,6	29,3	30,8	23,7	25,4	26,9	28,2	22,7	24,2	25,6	26,6
8,0	28,0	30,2	32,4	34,2	26,1	28,1	30,0	31,4	24,8	26,6	28,3	29,6
9,0	30,1	32,8	35,4	37,5	28,1	30,5	32,6	34,4	26,8	29,8	30,9	32,5
10,0	32,2	35,4	38,3	40,8	30,1	32,8	35,3	37,4	28,7	31,2	33,5	35,3
11,0	34,2	37,8	41,2	44,0	32,0	35,1	38,0	40,4	30,5	33,3	36,0	38,1
12,0	36,1	40,1	43,9	47,1	33,7	37,2	40,4	43,2	32,2	35,4	38,4	40,8
13,0	37,8	42,2	46,5	50,2	35,4	39,2	42,9	46,0	33,8	37,3	40,6	43,4
14,0	39,5	44,4	49,1	53,3	37,0	41,2	45,3	48,8	36,9	39,3	43,0	46,1
15,0	41,1	46,4	51,6	56,2	38,6	43,2	47,7	51,6	39,7	41,1	45,2	48,7
17,0	44,1	50,2	56,5	62,0	41,5	46,9	52,2	56,9	43,6	44,7	49,5	53,7
20,0	48,3	55,7	63,5	70,5	45,5	52,0	58,7	64,7	49,3	49,7	55,7	61,1
25,0	54,2	63,9	74,2	84,1	51,3	59,8	68,8	77,2	54,2	57,1	65,2	72,8
30,0	59,4	71,1	84,1	97,1	56,3	66,8	78,1	89,1		63,9	74,2	84,0

Innerer Rohrdurchmesser in m

Wassergeschwindigkeit in m/sek

Die Werte der Zahlentafel sind bei einer mittleren Lufttemperatur von:

10° C mit 0,97	
20° C » 0,95	
30° C » 0,92	zu multiplizieren.
40° C » 0,90	
50° C » 0,88	

Zahlentafel II.

Wärmedurchgangszahlen für dachförmig zusammengestellte Radiatoren (siehe Fig 4).

Mittlere Lufttemperatur 0°C, normaler Barometerstand.
Heizmittel: Warmwasser von 80°C mittlerer Temperatur.

Luft-geschwindigkeit in m/sek	Wassergeschwindigkeit in m/sek		
	0,002	0,005	2,00
0,20	6,6	6,9	7,2
0,30	8,2	8,7	9,2
0,40	9,5	10,2	10,9
0,50	10,7	11,6	12,5
0,60	11,8	12,8	14,0
0,80	13,7	15,1	16,7
1,00	15,2	17,0	19,1
1,20	16,6	18,8	21,4
1,40	17,9	20,4	23,5
1,60	19,1	21,9	25,5
1,80	20,1	23,2	27,4
2,00	21,0	24,5	29,2
2,25	22,2	26,0	31,4
2,50	23,2	27,5	33,5
2,75	24,1	28,8	35,5
3,00	25,0	30,1	37,5

Die Werte der Zahlentafel sind bei einer mittleren Lufttemperatur von

— 10°C mit 1,02	
10°C » 0,98	
20°C » 0,96	zu
30°C » 0,91	multiplizieren.
40°C » 0,92	
50°C » 0,90	

Zahlentafel G.

Wärmedurchgangszahlen für den Kessel von 0,070 m i. Durchm. mit Wirbeleinsatz 3.

Mittlere Lufttemperatur 0°C, normaler Barometerstand.
Heizmittel Warmwasser von 80°C mittlerer Temperatur.

Luft-geschwindigkeit in m sek	Wassergeschwindigkeit in m/sek			
	0,005	0,01	0,03	2,0
1,0	7,4	7,6	7,7	7,8
1,5	10,0	10,3	10,5	10,7
2,0	12,2	12,7	13,0	13,3
2,5	14,3	14,9	15,4	15,8
3,0	16,2	17,0	17,7	18,2
3,5	18,1	19,0	19,8	20,5
4,0	19,7	20,9	21,9	22,7
4,5	21,3	22,7	23,8	24,8
5,0	22,9	24,4	25,8	26,9
6,0	25,7	27,7	29,4	30,9
7,0	28,3	30,8	33,0	34,8
8,0	30,8	33,7	36,4	38,6
9,0	33,1	36,4	39,6	42,2
10,0	35,2	39,1	42,7	45,8
11,0	37,2	41,5	45,7	49,2
12,0	39,1	44,0	48,6	52,6
13,0	40,9	46,1	51,3	55,8
14,0	42,6	48,4	54,1	59,2
15,0	44,4	50,6	57,0	62,5
17,0	47,4	54,6	62,0	68,7
20,0	51,6	60,3	69,4	77,9
25,0	57,7	68,8	80,8	92,7

Die Werte der Zahlentafel sind bei einer mittleren Lufttemperatur von:

10°C mit 0,97
20°C » 0,95
30°C » 0,92
40°C » 0,90
50°C » 0,88
zu multiplizieren

Einsatz 3

Zahlentafel J.

Druckhöhenverluste für Luftrährenkessel (siehe Fig. 1).

Mittlere Lufttemperatur 0° C, normaler Barometerstand.

Luft-geschwindigkeit in m/sek	Innerer Rohrdurchmesser in m																	
	0,0215		0,0335		0,0460		0,0575		0,0700		0,0825		0,0945		0,1190		h'w
	h_R	h_w	h_R	h_W	h_R	h_W	h_R	h_W	h_R	h_W	h_R	h_W	h_R	h_W	h_R	h_W	
1,0	0,152	0,0197	0,093	0,046	0,058	0,049	0,0436	0,053	0,034	0,056	0,0276	0,050	0,0233	0,062	0,0174	0,066	0,020
1,5	0,322	0,0440	0,183	0,104	0,123	0,111	0,0925	0,119	0,072	0,126	0,0584	0,133	0,0494	0,141	0,0368	0,148	0,044
2,0	0,548	0,0785	0,313	0,183	0,209	0,197	0,158	0,210	0,123	0,223	0,0995	0,236	0,0842	0,249	0,0628	0,262	0,079
2,5	0,829	0,123	0,472	0,287	0,316	0,308	0,238	0,328	0,186	0,349	0,151	0,369	0,127	0,390	0,0948	0,410	0,123
3,0	1,16	0,177	0,662	0,414	0,443	0,443	0,334	0,473	0,260	0,502	0,211	0,532	0,178	0,561	0,133	0,501	0,178
3,5	1,54	0,241	0,880	0,563	0,590	0,602	0,444	0,643	0,347	0,683	0,281	0,723	0,237	0,764	0,177	0,804	0,241
4,0	2,17	0,315	1,23	0,735	0,820	0,788	0,617	0,840	0,482	0,892	0,390	0,945	0,330	0,997	0,246	1,05	0,315
4,5	2,46	0,339	1,40	0,903	0,940	0,998	0,707	1,06	0,552	1,13	0,447	1,20	0,378	1,26	0,282	1,33	0,394
5,0	2,99	0,492	1,71	1,15	1,14	1,23	0,850	1,31	0,671	1,39	0,543	1,48	0,459	1,56	0,342	1,64	0,492
6,0	4,20	0,708	2,39	1,65	1,60	1,77	1,21	1,89	0,941	2,01	0,762	2,12	0,645	2,24	0,481	2,36	0,708
7,0	5,58	0,966	3,18	2,25	2,13	2,42	1,60	2,58	1,25	2,74	1,01	2,90	0,857	3,06	0,640	3,22	0,966
8,0	7,15	1,26	4,07	2,96	2,73	3,15	2,05	3,36	1,60	3,57	1,30	3,78	1,10	3,99	0,820	4,20	1,26
9,0	8,89	1,60	5,06	3,72	3,39	3,99	2,55	4,26	1,99	4,52	1,62	4,79	1,37	5,05	1,02	5,32	1,60
10,0	10,8	1,97	6,16	4,60	4,12	4,92	3,11	5,25	2,42	5,58	1,96	5,81	1,66	6,24	1,24	6,56	1,97
11,0	12,9	2,38	7,35	5,55	4,92	5,95	3,70	6,35	2,89	6,75	2,34	7,17	1,98	7,54	1,48	7,94	2,38
12,0	15,1	2,84	8,63	6,62	5,78	7,09	4,35	7,56	3,39	8,03	2,75	8,50	2,32	8,97	1,73	9,45	2,84
13,0	17,6	3,33	10,0	7,77	6,70	8,32	5,04	8,88	3,94	9,43	3,19	9,98	2,70	10,5	2,02	11,1	3,33
14,0	20,1	3,86	11,5	9,00	7,68	9,65	5,78	10,3	4,51	10,9	3,65	11,6	3,09	12,2	2,31	12,9	3,87
15,0	22,9	4,43	13,0	10,3	8,73	11,1	6,57	11,8	5,13	12,6	4,16	13,3	3,52	14,0	2,63	14,8	4,44
17,0	28,8	5,69	16,5	13,3	11,0	14,2	8,29	15,2	6,47	16,1	5,24	17,1	4,43	18,0	3,31	19,0	5,7
20,0	39,0	7,88	22,2	18,4	14,9	19,7	11,2	21,0	8,74	22,3	7,08	23,6	6,00	25,0	4,48	26,2	7,8
25,0	59,0	12,3	33,8	28,7	22,5	30,8	16,9	32,8	13,2	34,9	10,7	36,9	9,05	38,9	6,75	41,0	12,3
30,0	82,5	17,7	47,1	41,4	31,5	44,3	23,7	47,2	18,5	50,2	15,0	53,2	12,7	56,1	9,48	59,1	17,8

h_R = Druckhöhenverlust durch Reibung für 1 m Rohrlänge in mm WS.
h_W = Druckhöhenverlust durch die Widerstände beim Luftein- und -austritt, falls hinter dem Kessel eine Rohrleitung angeschlossen ist.
Ist hinter dem Kessel keine Rohrleitung angeschlossen, so sind die Werte von h_W um die bezüglichen Werte von h'_W zu vergrößern.

Die Werte der Zahlentafel sind bei einer mittleren Lufttemperatur von:

10° C	mit	0,96	
20° C	»	0,93	
30° C	»	0,90	zu multiplizieren.
40° C	»	0,87	
50° C	»	0,84	

Zahlentafel K.

Druckhöhenverlust für den Kessel mit Röhren von 0,070 m i. Durchmesser mit Wirbeleinsätzen.

Mittlere Lufttemperatur 0° C, normaler Barometerstand.

Luftgeschwindigkeit in m/sek	ohne Einsatz h_R	ohne Einsatz h_W	Einsatz 1 h_W	Einsatz 2 h_W	Einsatz 3 h_W	Einsatz 4 h_W	h''_w
1,0	0,034	0,056	0,108	0,066	0,069	0,125	0,020
1,5	0,072	0,126	0,244	0,148	0,155	0,281	0,044
2,0	0,123	0,223	0,432	0,262	0,275	0,498	0,079
2,5	0,186	0,349	0,676	0,410	0,430	0,780	0,123
3,0	0,260	0,502	0,975	0,591	0,621	1,18	0,178
3,5	0,347	0,683	1,33	0,804	0,844	1,53	0,241
4,0	0,482	0,892	1,73	1,05	1,10	2,00	0,315
4,5	0,552	1,13	2,19	1,33	1,40	2,53	0,394
5,0	0,671	1,39	2,71	1,64	1,73	3,12	0,492
6,0	0,941	2,01	3,89	2,36	2,48	4,49	0,708
7,0	1,25	2,74	5,31	3,22	3,38	6,12	0,966
8,0	1,60	3,57	6,93	4,20	4,41	8,00	1,26
9,0	1,99	4,52	8,78	5,32	5,58	10,1	1,60
10,0	2,42	5,58	10,8	6,56	6,90	12,5	1,97
11,0	2,89	6,75	13,1	7,94	8,33	15,1	2,38
12,0	3,39	8,03	15,6	9,45	9,92	18,0	2,84
13,0	3,94	9,43	18,3	11,1	11,7	21,1	3,33
14,0	4,51	10,9	21,2	12,9	13,5	24,4	3,87
15,0	5,13	12,6	24,3	14,8	15,5	28,1	4,44
17,0	6,47	16,1	31,3	19,0	19,9	37,8	5,7
20,0	8,74	22,3	43,4	26,2	27,6	50,0	7,8
25,0	13,2	34,9	67,6	41,0	43,0	78,0	12,3

h_R = Druckhöhenverlust durch Reibung auf 1 m Rohrlänge in mmWS.
h_W = Druckhöhenverlust durch einmalige Widerstände in mmWS, falls hinter dem Kessel eine Rohrleitung angeschlossen ist.

Ist hinter dem Kessel keine Rohrleitung angeschlossen, so sind die Werte von h_W um die bezüglichen Werte von h''_w zu vergrößern.

Die Werte der Zahlentafel sind bei einer mittleren Lufttemperatur von

10° C mit 0,96
20° C » 0,93
30° C » 0,90   } zu multiplizieren.
40° C » 0,87
50° C » 0,84

Zahlentafel L.

Druckhöhenverluste für Heizkörper nach dem Sturtevantsystem (siehe Fig. 3).

Äußerer Heizrohrdurchmesser = 0,033 m, Luftspalt zwischen zwei Röhren = 0,005 m.
Mittlere Lufttemperatur 0° C, normaler Barometerstand.

Luftgeschwindigkeit in m/sek	Druckhöhenverlust in mm WS für 2 Rohrreihen	3 Rohrreihen	4 Rohrreihen
0,5	0,03	0,04	0,05
1,0	0,10	0,14	0,18
1,5	0,21	0,30	0,37
2,0	0,36	0,50	0,62
2,5	0,53	0,75	0,92
3,0	0,74	1,04	1,28
3,5	0,98	1,38	1,68
4,0	1,25	1,75	2,12
4,5	1,54	2,16	2,61
5,0	1,87	2,61	3,15
6,0	2,60	3,62	4,35
7,0	3,43	4,79	5,71
8,0	4,37	6,09	7,24
9,0	5,41	7,53	8,91
10,0	6,47	9,10	10,7
11,0	7,78	10,8	12,7
12,0	9,11	12,6	15,2
13,0	10,5	14,6	17,1
14,0	12,0	16,7	19,5
15,0	13,6	18,9	22,0
17,0	17,1	23,6	27,5
20,0	23,0	31,7	36,6

Die Werte der Zahlentafel sind bei einer mittleren Lufttemperatur von

10° C mit 0,96
20° C » 0,93
30° C » 0,90   } zu multiplizieren.
40° C » 0,87
50° C » 0,84

Zahlentafel M.

Druckhöhenverlust für dachförmig zusammengestellte Radiatoren (siehe Fig. 4).

Mittlere Lufttemperatur 0° C, normaler Barometerstand.

Luftgeschwindigkeit in m/sek	Druckhöhenverlust in mm WS
0,20	0,007
0,30	0,014
0,40	0,023
0,50	0,035
0,60	0,048
0,80	0,080
1,00	0,120
1,20	0,167
1,40	0,220
1,60	0,280
1,80	0,346
2,00	0,419
2,25	0,518
2,50	0,626
2,75	0,743
3,00	0,869

Die Werte der Zahlentafel sind bei einer mittleren Lufttemperatur von:

−10° C mit 1,07
10° C » 0,94
20° C » 0,88
30° C » 0,83   } zu multiplizieren.
40° C » 0,78
50° C » 0,74

Heizapparate zur Erwärmun

Fig. 1 bis 5
Fig. 6

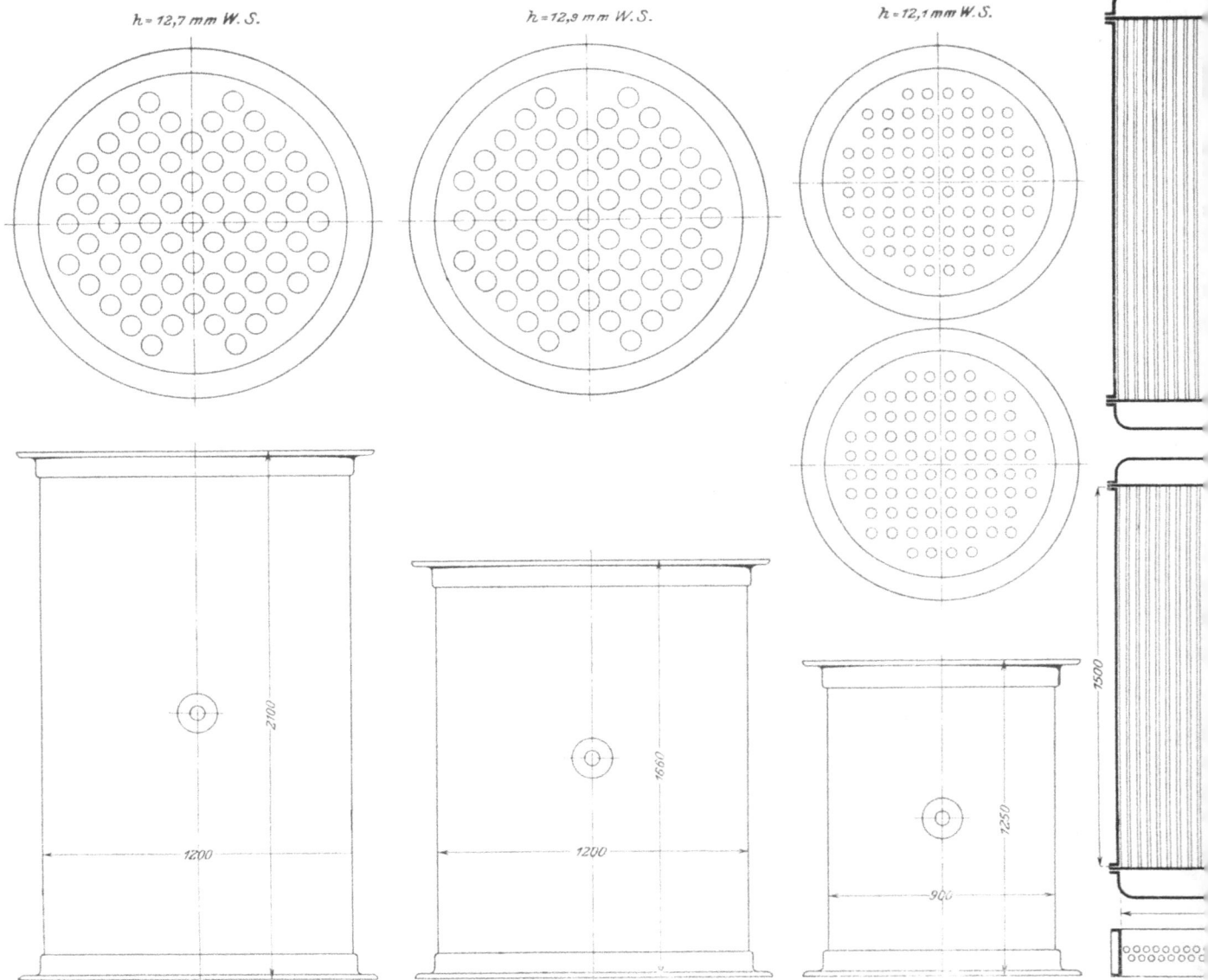

h = 12,7 mm W. S.   h = 12,9 mm W. S.   h = 12,1 mm W. S.

Fig. 1.
Innerer Durchmesser der Heizrohre 0,070 m
ohne Einsatz

Fig. 2.
mit Einsatz 3.

Fig. 3.
Innerer Durchmesser der
Heizrohre   0,046 m.

menge von 10 000 cbm/std.

+ 20° C
   0° C.

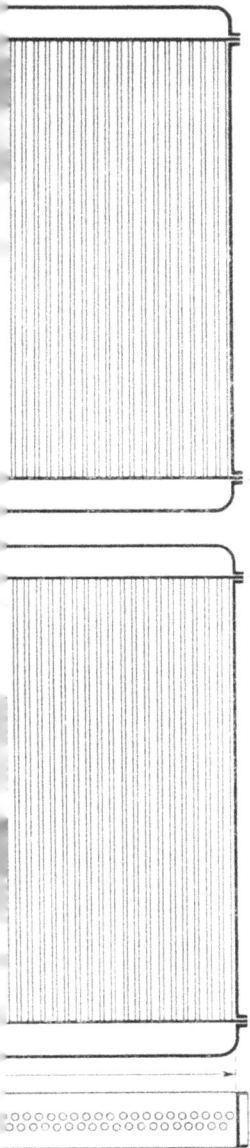

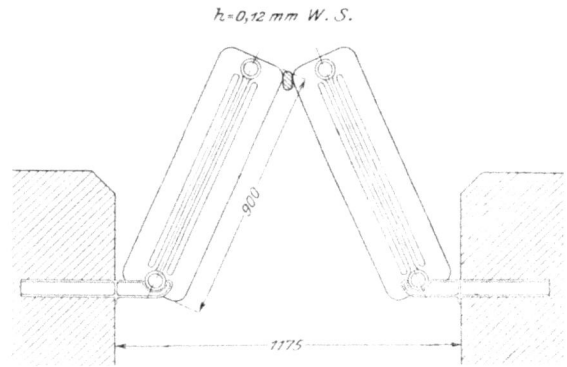

h = Druckhöhenverlust
für den Fall, dass hinter
dem Heizapparat keine
Rohrleitung angeschlossen
ist (Einbau zwischen zwei
Räumen).

$h = 1,25$ mm W.S.

$h = 13,6$ mm W.S.

$h = 0,12$ mm W.S.

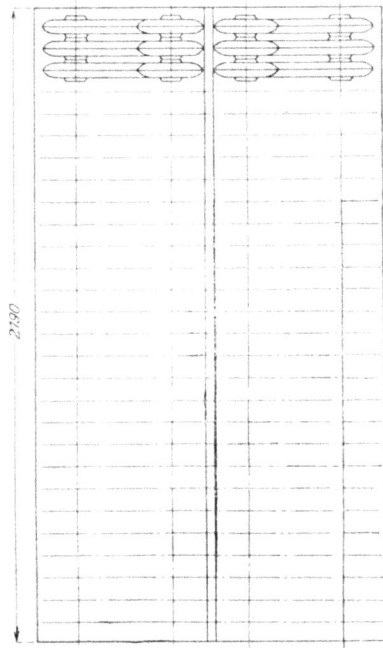

Fig. 5.

Fig. 6.

Durchmesser der Heizrohre . . . . 0,033 m
zwischen den Rohren . . . . 0,005 m.

Druck und Verlag von R. Oldenbourg, München und Berlin.